21世纪高等学校规划教材丨软件工程

统一建模语言UML
（第2版）

袁涛　孔蕾蕾　编著

清华大学出版社
北京

内 容 简 介

本书是一本 UML 2.0 学习和应用手册。本书不仅详细阐述了 UML 在建模活动中的基本应用方法，而且对 UML 的建模图示在软件生命周期中的应用进行了分类。在介绍 UML 的 10 种最为重要的语言图示时，首先强调的是该种 UML 图示在软件建模活动中的建模目的。然后，根据 UML 各种图示的语法结构详细解释了该图示在实际建模中的不同表示形式和语法，最后应用 UML 图示对一个贯穿全书的真实软件工程项目实例进行了建模示范，使读者在深入理解 UML 语义、语法和图示法的同时，能牢牢把握住学习该 UML 图示的目的和意义。本书可作为高等学校计算机、电子、通信等专业高年级学生及研究生课程教学用书，同时对软件研究者和开发人员也颇具有参考价值。

本书封面贴有清华大学出版社防伪标签，无标签者不得销售。
版权所有，侵权必究。举报：010-62782989，beiqinquan@tup.tsinghua.edu.cn。

图书在版编目（CIP）数据

统一建模语言 UML/袁涛，孔蕾蕾编著．—2 版．—北京：清华大学出版社，2014（2022.9重印）
（21 世纪高等学校规划教材·软件工程）
ISBN 978-7-302-34692-0

Ⅰ．①统… Ⅱ．①袁… ②孔… Ⅲ．①面向对象语言—程序设计 Ⅳ．①TP312

中国版本图书馆 CIP 数据核字（2013）第 290833 号

责任编辑：魏江江　薛　阳
封面设计：傅瑞学
责任校对：时翠兰
责任印制：宋　林

出版发行：清华大学出版社
网　　址：http://www.tup.com.cn，http://www.wqbook.com
地　　址：北京清华大学学研大厦 A 座　　邮　编：100084
社 总 机：010-83470000　　邮　购：010-62786544
投稿与读者服务：010-62776969，c-service@tup.tsinghua.edu.cn
质量反馈：010-62772015，zhiliang@tup.tsinghua.edu.cn
课件下载：http://www.tup.com.cn，010-83470236

印 装 者：三河市君旺印务有限公司
经　　销：全国新华书店
开　　本：185mm×260mm　　印　张：13.25　　字　数：221 千字
版　　次：2009 年 5 月第 1 版　　2014 年 4 月第 2 版　　印　次：2022 年 9 月第 13 次印刷
印　　数：22501~24000
定　　价：39.00 元

产品编号：054583-02

献给：

    Derek，Karen，我的妻子和我的父母。

——袁涛

第 2 版前言

自《统一建模语言 UML》出版后,已经 5 次印刷。我一直留意读者对于该书的反馈。读者"一生开心"在网上对该书的评价:"东西讲得不错,UML 图讲得比较清楚,没有案例,可惜了。"我承认该书确实需要加入更好的案例。所以,添加新案例是第 2 版的主要工作。在第 2 版中,全书被分为两篇:知识篇和实践篇。知识篇主要是第 1 版的内容,新增案例全部放到实践篇。由于本书所举案例侧重的是在面向对象分析和设计方法中如何应用 UML 建模,所以,所举案例并没有刻意覆盖所有种类的 UML 图模型。另外,第 2 版对 MDA 和 MOF 的概念以及 MDA、MOF 和 UML 之间的关系进行了补充介绍。这样有利于读者对 UML 知识体系有一个较全面的认识。第 2 版增加附录 C 的目的是为学生提供一个创建面向对象设计模型的实践平台,首先鼓励学生在附录 C 的面向对象分析模型基础上进一步完善系统的质量(可靠性、易用性、可修改性、可维护性、可重用性、可适应性等),其次要求学生参考第 13 章的原理采用设计模式或开源框架等方法提出各种有创意的解决方案,最后要求学生使用 UML 状态图、类图、包图和部署图完成附录 C 的全部设计任务。

袁涛负责第 2 版的全部新增章节的撰写和全书校对工作。另外,我要特别感谢我的团队成员:惠丙凯,孔凤娟,朱晓岚,汤志博在整理新增附录资料方面给予的无私帮助。

袁 涛

2013 年 12 月

第1版前言

在回国的这几年里,我一直在努力使用 UML 与软件项目开发者、我的学生以及同事进行软件分析和设计方面的交流。但是,我发现周围还有许多软件设计和开发人员并不熟悉 UML 这个在软件工程领域已经成熟应用十几年的建模工具。在软件工程实践中,甚至有相当一部分软件设计人员、程序员和学生还在为是否学习和使用 UML 而困惑。我认为造成这种困惑的主要原因是对 UML 的应用目的和它的建模对象不十分清楚,这就使 UML 使用者或初学者无法有效地把 UML 中的建模语言与实际软件开发中的问题建立起关联。因此,本书不仅在 UML 语法方面给予了详细的描述,而且在每种 UML 图示中着重阐述了图示的产生环境、使用目的和应用对象。为了更好地理解本书的组织结构和目的,本书在以下三个方面进行了论述和规范。

1. 关于 UML 建模图示的应用分类问题

对 UML 中诸多的建模图示,人们有着不同的分类和建模理解,例如一种很常见的分类是把 UML 的建模图示分为需求、静态、行为、交互和实现等几个不同领域的建模工具,但是,上述分类方式很容易给 UML 学习和使用带来困惑,因为上述的几个领域在软件工程中几乎是完全交叉的,并不能帮助 UML 使用者明确 UML 建模如何与实际开发相关联。

本书在第 1 章导言中,较为系统地论述了 UML 建模图示的分类方法及其在软件开发和运行中的固有特征。根据建模工具的特点和软件固有特征,对 UML 的 14 种建模图示在软件生命周期中的应用进行了分类。我们建议本书的读者首先要理解导言中关于 UML 建模工具分类的方法和目的,然后,再以该分类方法为知识框架,进一步学习 UML 每一种具体的建模方法。

2. 关于面向对象分析和设计中术语的使用问题

建模的过程就是对一个事物的一个抽象化和准确化的过程。在面向对象分析和设计中,对各种各样建模对象的描述必须规范化。注意,这里提出的术语规范化并不是 UML,而是被 UML 描述的面向对象分析和设计中描述软件结构和行为的语言。

例如，在软件工程中经常遇到的术语：软件、系统、类、对象、实例、方法、属性、操作、行为、状态、成员变量、消息、静态、动态、运行和执行等。其中，比较容易被混淆通用的如：方法、属性、操作、行为、状态、成员变量、消息、静态、动态和运行等。应用 UML 建模时，这种没有严格定义指导下的术语混用，很难明确 UML 建模的目的和对象，这使得在使用模型进行交流时给人们带来极大的不准确性，从而造成在不同类型的模型中，或在同类模型中由于所被描述对象的术语混用而出现理解上的差异。本书为了使读者准确理解书中强调的知识体系结构，特在此建立本书范围内的面向对象分析和设计术语的应用规范。

1) 与软件系统相关的术语

软件系统是指一个具有整体功能的软件，它与构件和类相区别。在软件系统的概念下，有两种状态：非执行状态（或静止状态）、执行状态（或运行状态）。本书不使用"动态"这个词。在本书中，软件系统只有在运行状态下才有行为可言，但是，无论在静止还是运行状态下，软件系统均有各自特殊的结构形式。

2) 与类相关的术语

类是指软件在非运行状态下的基本结构单位，它与对象相区别。在类的概念范围内，本书使用描述类的术语有：属性（Attribute）和成员变量（Member Variable），这两个词基本可以相互代替使用；方法（Method）和操作（Operation）也可以相互代替，但是本书只用方法（Method）这个词汇来描述类。

3) 与对象相关的术语

对象是类在系统执行状态下的存在形式。它与类相区别。在对象的概念范围内，本书使用描述对象的术语有：属性（Attribute）和状态（State），这两个词在本书中可以代替使用；行为（Behavior）和消息（Message），在本书中这两个词可以互相代替使用描述对象。

3. 本书章节的组织和内容特点

在本书中，每章的第一节讲述的是 UML 图示的目的和意义，这样安排的目的是让读者在学习某种具体 UML 图示建模之前，了解该图示的应用领域和建模对象，以便在进一步学习图示语法时，有助于更好地了解图示中建模方法的设计理念，以便读者能有的放矢地学习该建模工具。在学习 UML 时，学生经常提出一些典型问题，例如，顺序图与通信图的区别；在类图中，关联（Association）和依赖（Dependency）的实践差别问题；类图中 xor 关联的实现问题等。针对这些问题，本书均给出详尽解释，另外也提供了一些 UML 建模中的实施技巧。总之,本书不仅对 UML 语法进行解释,而且在各个章节中尽量加入平时应用 UML 时积累的经验和方法,这更有助于读者快速理解和应用 UML 建模。

在描述 UML 语法过程中,本书针对每种 UML 建模图示都以公式的形式把该建模图示最为重要的组成元素列出,然后,根据公式中列出的每个元素做出详细解释,这样可以使读者在纷乱的 UML 图示元素符号中把握其知识体系结构。

本书是以 UML 2.0 为基础阐述其建模语言的,没有关于与 UML 2.0 以前版本的比较。所以,书中提到的 UML,指的就是 UML 2.0 版。另外,根据 UML 的各种不同建模语言应用的广泛性,本书没有对 UML 2.0 新引进的时间配置图、综合交互图和复合结构图进行专门阐述。

袁涛负责全书所有章节内容的组织,并完成第 1、3、4、6、7、8、10 章的内容撰写;孔蕾蕾负责第 2、5、6、9、11 章,以及附录 A、B 和术语对照表的撰写。

最后我要强调的是,这本书能够问世还要特别感谢哈尔滨商业大学校长曲振涛博士的支持,同时也感谢我的好友穆业伟先生对本书出版的关心。

袁　涛
2008 年 11 月

目　　录

第1部分　知　识　篇

第1章　导言 ... 3
1.1　模型 ... 3
1.2　开发软件为什么需要模型 ... 4
1.3　什么是统一建模语言 ... 5
1.4　UML 的发展史 ... 6
1.5　模型驱动的软件构架 ... 8
 1.5.1　MDA 的三种模型 ... 8
 1.5.2　MDA 的三个核心建模标准 ... 9
 1.5.3　OMG 的 4 层模型结构 ... 10
1.6　UML 的建模对象 ... 10
 1.6.1　UML 的结构模型 ... 11
 1.6.2　UML 的行为模型 ... 12
1.7　总结 ... 13

第2章　用例图 ... 15
2.1　基于用例的系统行为建模 ... 15
2.2　用例图 ... 16
2.3　用例图的表示方法 ... 16
 2.3.1　参与者 ... 16
 2.3.2　用例 ... 17
 2.3.3　用例之间的关系 ... 21
2.4　总结 ... 24

第 3 章 对象图 26

3.1 基于对象的系统瞬间状态建模 26
3.2 对象图 27
3.3 对象图的表示方法 27
3.3.1 对象 27
3.3.2 链 28
3.4 总结 29

第 4 章 顺序图 30

4.1 基于交互的对象行为建模：交互时的行为顺序 30
4.2 顺序图 31
4.3 顺序图的表示方法 32
4.3.1 生命线 32
4.3.2 活动条 34
4.3.3 消息 34
4.3.4 交互框 40
4.4 案例分析 44
4.5 总结 46

第 5 章 通信图 47

5.1 基于交互的对象行为建模：交互时的对象结构 47
5.2 通信图 48
5.3 通信图的表示方法 49
5.3.1 交互的参与者 49
5.3.2 链接 49
5.3.3 消息 49
5.4 案例分析 52
5.5 总结 52

第 6 章 类图 … 54

6.1 基于类的系统结构建模 … 54
6.2 类图 … 55
6.3 类图的表示方法 … 56
6.3.1 表示类 … 56
6.3.2 类的关系 … 63
6.4 总结 … 75

第 7 章 状态图 … 77

7.1 基于状态的对象行为建模 … 77
7.2 状态图 … 78
7.3 状态图的表示方法 … 78
7.3.1 状态 … 79
7.3.2 迁移 … 81
7.4 案例分析 … 83
7.5 总结 … 84

第 8 章 活动图 … 85

8.1 基于活动的系统行为建模 … 85
8.2 活动图 … 86
8.3 活动图的表示方法 … 86
8.3.1 活动和动作 … 86
8.3.2 活动边 … 87
8.3.3 活动节点 … 89
8.3.4 活动划分或泳道 … 93
8.3.5 调用其他活动 … 94
8.4 案例分析 … 95
8.5 总结 … 96

第 9 章 包图 ... 98

9.1 基于包的系统静止状态下的结构建模 ... 98
9.2 包图 ... 99
9.3 包图的表示方法 ... 100
9.3.1 包 ... 100
9.3.2 包中元素的可见性 ... 101
9.3.3 包之间的关系 ... 102
9.4 总结 ... 105

第 10 章 构件图 ... 107

10.1 基于构件的系统静止状态下的结构建模 ... 107
10.2 构件和构件图 ... 108
10.2.1 构件 ... 108
10.2.2 构件图 ... 108
10.3 构件图的表示方法 ... 109
10.3.1 构件 ... 109
10.3.2 供接口和需接口 ... 109
10.3.3 构件间的关系 ... 110
10.3.4 实现构件的类 ... 111
10.3.5 外部接口——端口 ... 112
10.3.6 连接器 ... 112
10.3.7 显示构件的内部结构 ... 113
10.4 总结 ... 114

第 11 章 部署图 ... 115

11.1 基于物理环境部署的系统静态结构建模 ... 115
11.2 部署图 ... 116
11.3 部署图的表示方法 ... 116
11.3.1 制品 ... 116
11.3.2 节点 ... 118

| 11.3.3   部署 …………………………………………………… 119
| 11.3.4   部署规约 ……………………………………………… 120
| 11.3.5   通信路径 ……………………………………………… 121
| 11.4 总结 …………………………………………………………… 122

第 2 部分　实　践　篇

第 12 章　面向对象分析的 UML 模型 ………………………………… 127

12.1 面向对象分析设计 ………………………………………………… 127
12.2 分析模型 …………………………………………………………… 128
　　　12.2.1   用例图模型 …………………………………………… 129
　　　12.2.2   在用例图模型基础上编写用例 ……………………… 130
　　　12.2.3   顺序图模型和概念类图模型 ………………………… 132
12.3 总结 ………………………………………………………………… 140

第 13 章　面向对象设计的 UML 模型 ………………………………… 144

13.1 设计模型和软件的质量问题 ……………………………………… 144
13.2 UML 在设计建模中的应用 ……………………………………… 145
　　　13.2.1   Singleton 模式的顺序图模型 ………………………… 146
　　　13.2.2   Factory Method 模式的顺序图模型 ………………… 146
　　　13.2.3   设计建模的 UML 类图 ……………………………… 146
13.3 总结 ………………………………………………………………… 150

附录 A　UML 的扩展机制 ………………………………………………… 152

附录 B　PPS 项目的部分主要用例的用例规约 ………………………… 154

附录 C　某离散性制造装配公司的客户端应用 ………………………… 159

附录 D　第 12～13 章中模型的 Java 可执行程序 ……………………… 180

术语英汉对照表 …………………………………………………………… 187

参考文献 …………………………………………………………………… 192

第1部分 知 识 篇

第 1 章 导言
第 2 章 用例图
第 3 章 对象图
第 4 章 顺序图
第 5 章 通信图
第 6 章 类图
第 7 章 状态图
第 8 章 活动图
第 9 章 包图
第 10 章 构件图
第 11 章 部署图

第 1 章 导　　言

Image courtesy of Supakitmod/FreeDigitalPhotos.net

1.1　模　型

　　为了更好地了解一个过程或事物，人们通常根据所研究对象的某些特征（形状、结构或行为等）建立相关的模型（Model）。模型是从一个特定视点对系统进行的抽象，它可以是实物模型，例如建筑模型、教学模型、玩具等，也可以是抽象数字或图示模型，例如数学公式或图形等。模型建立的目的不是复制真实的原物，而是帮助人们更好地理解复杂事物的本质，反映过程或事物内部各种因素之间的相互关系。

所以,模型是对复杂事物进行的有目的的简化和抽象。在开发软件的过程中同样需要建立各种各样的软件模型。

1.2 开发软件为什么需要模型

在开发软件的过程中,开发者在动手编写程序之前需要研究和分析软件的诸多复杂和纷乱的问题。例如,用户需求的准确描述问题、功能与功能之间的关系问题、软件的质量和性能问题、软件的结构组成问题、建立几十个甚至几百个程序或组件之间的关联问题等。所以,软件系统的开发是一个非常复杂的过程,它们的复杂程度不比任何一项大型的复杂土木建设工程逊色。但是,在这个复杂的开发过程中,人们最关注的还是开发者之间的交流问题。

软件开发中消除技术人员与非技术人员(用户)之间、使用不同技术的开发人员之间、不同功能使用者之间等的交流障碍是软件开发成功的关键。直观的软件模型将有助于软件工程师与他们进行有效地交流。

在软件的需求分析中,用户和系统所属领域的专家更熟悉将要构建的系统的功能,他们被称为领域专家(Domain Expert)。他们提出软件系统在这个领域中所需要具有的功能。所以,软件设计者可以通过建立需求模型来实现技术人员与非技术人员(用户)之间的交流。

在软件的设计中,设计人员首先要把描述系统功能需求的自然语言形式转化为软件程序的形式,在这个转化过程中,设计人员要借助许多模型来完成最终的程序设计模型。这些中间辅助模型包括系统的行为模型、对象的状态和行为模型等。如果这些模型都是严格遵循统一建模语言标准而建立的,那么,无论开发人员具有多么不同的开发条件和技能,他们都可以理解软件设计,并且进行有效交流。

在软件的实施、测试和部署中,模型为不同领域的技术人员在软件和硬件的实施、测试和部署中提供有效的交流平台。

最后,要强调的是,在各种各样的软件中,软件模型是最有效的软件文档保存形式,软件模型在开发团队人员的培训、学习和知识的传递与传播等方面起着非常重要的作用。

所以,软件开发中需要建立需求(Requirement)模型、问题域(Domain)模型、设计(Design)模型、实施(Implementation)模型、测试(Test)模型和部署(Deployment)模型。可见,在系统开发生命周期中,需要从多角度来建立模型才能全面、准确地分析和设计软件系统。

1.3 什么是统一建模语言

软件模型有多种表达方式或语言。但是,开发者们经过多年的实践发现,相对于以数学为基础的体系结构描述语言(Architecture Description Language,ADL)来说,以图形符号(Graphical Notation)为基础的统一建模语言(Unified Modeling Language,UML)描述软件模型既简单又清晰。

统一建模语言是由一系列标准的图形符号组成的建模语言,它用于描述软件系统分析、设计和实施中的各种模型。UML 的定义有两个主要组成部分:语义和表示法。UML 的语义用自然语言和对象约束语言(Object Constraint Language,OCL)描述,UML 的表示法定义了 UML 的可视化标准表示符号,这决定了 UML 是一种可视化的建模语言。这些图形符号和文字用于建立应用级的模型,在语义上,模型是元模型(Metamodel)的实例。元模型是定义表达模型所用语言的模型,它定义了UML 模型的结构。此外,UML 的定义还给出了语法结构的精确规约(Specification)。对于一般建模者,应重点掌握基本的概念与表示法,并熟练运用它们,这正是本书的目的。

图 1-1 给出了 UML 中各种图的分类。

图 1-1 展示了 UML 的图示建模工具,被分为两大类共 13 种图形。

第一类是结构图。在结构图中,UML 2.0 有 6 种图示建模工具:类图(Class Diagram)、构件图(Component Diagram)、对象图(Object Diagram)、复合结构图(Composite Structure Diagram)、部署图(Deployment Diagram)和包图(Package Diagram)。

第二类是行为图。在行为图中,UML 2.0 有 7 种图示建模工具:活动图(Activity Diagram)、用例图(Use Case Diagram)、状态图(State Diagram)以及 4 种交互图(Interaction Diagrams)——顺序图(Sequence Diagram)、通信图(Communication Diagram)、交互综合图(Interaction Overview Diagram)和时间配置图(Timing Diagram)。

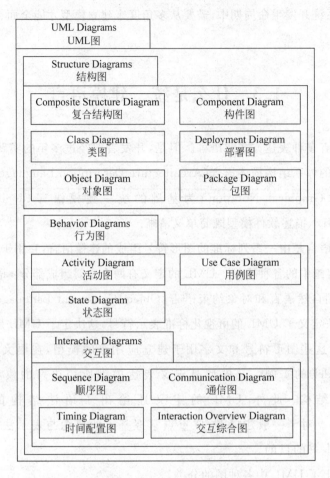

图 1-1　UML 图的分类

1.4　UML 的发展史

　　自从对象管理组织(Object Management Group,OMG)采纳 UML 作为其标准建模语言以来,UML 得到了广泛的应用,并在世界范围内成为事实上的建模规范。图 1-2 简要描述了 UML 的发展史。

　　OMG 是一个推广面向对象技术的非盈利性国际组织,称为对象管理组织,目标是通过网络为独立开发的应用软件建立一个相互之间互操作性的标准。OMG 的成员已包括绝大多数信息技术公司和终端用户,其核心任务是接纳广泛认可的对象管理体系结构(Object Management Architecture,OMA)或其语境(Context)中的接口和规

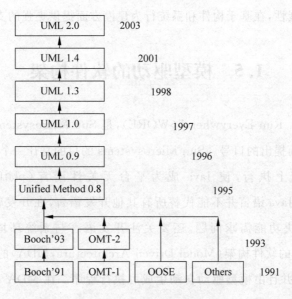

图 1-2 UML 的发展史

程的规范。

从 1989 年到 1994 年,建模语言的数量已经从不到十种增加到了五十多种,20 世纪 90 年代中期出现了一批新方法,其中最引人注目的是 Booch 提出的 Booch'93、Jacobson 提出的 OOSE 方法和 Rumbaugh 等人提出的 OMT 方法。1995 年,Booch 和 Rumbaugh 决定将他们各自的方法结合起来成为一种方法。1995 年 10 月发布了第 1 个版本,被称作"统一方法"(Unified Method 0.8)。一年之后 Jacobson 加入其中,结合了 Booch、OMT 和 Jacobson 方法的优点,统一了符号体系,并从其他的方法和工程实践中吸收了许多经过实际检验的概念和技术,于 1996 年形成了 UML 0.9。由于统一的符号体系只是一种建模语言,而不是一种建模方法,所以自 0.9 版起,改称"统一建模语言"(Unified Modeling Language)。在此过程中,由 Rational 公司发起成立了 UML 伙伴组织。开始时有 12 家公司加入,共同推出了 UML 1.0 版,并于 1997 年 1 月提交到对象管理组织(OMG),申请作为一种标准建模语言。此后,对 UML 进一步做了修改,产生了 UML 1.1 版。1997 年 11 月,OMG 正式采纳 UML 1.1 作为建模语言规范,然后成立任务组进行不断地修订,并产生了 UML 1.2、1.3 和 1.4 版本,其中 UML 1.3 是较为重要的修订版。

UML 1.x 基本上是为分析和对小规模软件系统建模而设计的。UML 2.0 在 2003 年 6 月被推荐采用,完成了这个工业标准建模语言的一次大的升级。新的 UML 2.0 更加适合系统工程师和软件开发人员所面临的日益复杂的大型软件系统的挑战。

它具有更好的扩展性,在基于构件和系统行为建模方面提供更强的支持。

1.5　模型驱动的软件构架

"Write Once, Run Everywhere"(WORE),是 Sun Microsystems 为宣传 Java 语言的跨平台特性而提出的口号。Sun Microsystems 的目的是让一个 Java 程序可以在不同的操作系统上执行,使 Java 成为平台无关性语言(platform independent language)。但是 Java 语言并不能代替所有其他开发语言,在开发软件时,软件工程师除了要考虑解决功能需求问题,还要关注开发语言与系统环境间的整合问题。OMG 的模型驱动的软件构架(Model Driven Architecture,MDA)的目的就是利用建模语言创建模型,并且由模型驱动自动生成可执行程序。在 MDA 下,软件工程师关注的是平台无关模型(platform independent model),而不是执行系统的具体技术。

1.5.1　MDA 的三种模型

MDA 是一种基于建模的软件构架,MDA 构架通过建立三种模型达到模型驱动自动生成可执行程序的目的。

(1) 计算无关模型（Computation Independent Model,CIM）:用于建立业务需求、流程和规则等业务模型。这些模型与系统逻辑运算和平台无关,所以被称为计算无关模型。一般用 UML 的用例图和活动图描述。

(2) 平台无关模型(Platform Independent Model,PIM):是从业务流程中抽象出的逻辑运算。PIM 不包含与系统执行环境和技术相关的特定信息,所以 PIM 被称为平台无关模型。一般用 UML 的类图、状态图、顺序图描述。

(3) 平台特定模型(Platform Specific Model,PSM):是从相应 PIM 转换而来,它不仅包含 PIM 的逻辑运算,也包含系统执行环境所需要的相关技术应用。所以 PSM 被称为平台特定模型。PIM 可以被转换为多种多样的 PSM,一般有 Java/EJB,CORBA,XML/SOAP 等模型。

在 MDA 下,CIM 可以驱动产生 PIM,PIM 可以转换产生 PSM,PSM 可以自动产生系统可执行程序(见图 1-3)。MDA 是基于 OMG 定义的一系列建模标准和规范来实现的,这些标准和规范解决了 MDA 模型(CIM、PIM 和 PSM)的建立、扩展、交换、转换等技术问题。

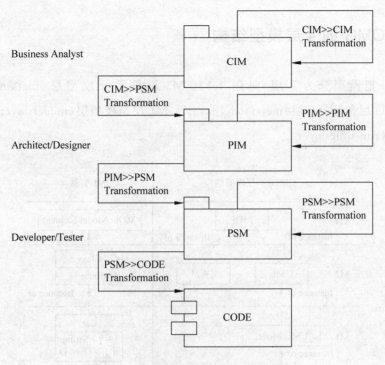

图 1-3 MDA 的模型和模型之间的转换

1.5.2 MDA 的三个核心建模标准

MDA 的三个核心建模标准是：

(1) 统一建模语言(UML)是 MDA 使用的主要建模语言。由于 UML 已经在面向对象分析设计中广泛应用,所以,OMG 把 UML 作为 MDA 中建模的主要标准。虽然 UML 可以用来定义 MDA 中的各种模型,但是,MDA 并不要求必须使用 UML。

(2) 元对象机制(Meta Object Facility,MOF)是 MDA 用于定义模型的标准。它不仅使 UML 在今后的扩展中有依据的标准,同时也是建立任何新的建模工具和元数据仓库(如 CWM)的标准。MOF 的标准是 UML 一系列标准中的一个子集——类图(Class Diagrams)。MDA 要求必须以 MOF 标准作为所有 MDA 元模型的标准。

(3) 公共仓库元模型(Common Warehouse Metamodel,CWM)对企业各种数据模型进行了全面和完整的标准化,并且定义任何两种数据模型之间的映射规则。CWM 使得企业具有跨数据库,甚至跨行业之间的数据挖掘能力。MDA 使用 UML

进行系统建模，MDA 使用 CWM 进行数据建模。

1.5.3　OMG 的 4 层模型结构

OMG 把模型分为 4 层（见图 1-4）：M3 层是元-元模型层（meta-metamodel layer）；M2 层是元模型层（metamodel layer）；M1 层是模型层（model layer）；M0 层是运行层（run-time layer）。

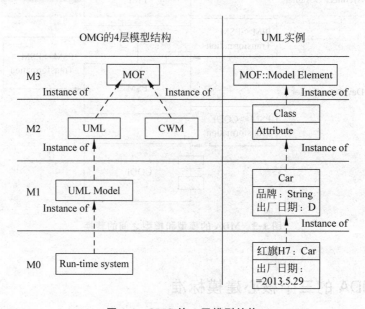

图 1-4　OMG 的 4 层模型结构

M3 模型的目的是定义 M2 的元模型。在这层中只有一个元-元模型就是 MOF 模型。M2 模型的目的是定义 M1 的模型，在这层有很多种元模型，如 UML 和 CWM。M1 模型的目的是定义各种数据和类。M0 模型的目的是表现系统执行时数据和对象。从图 1-4 可以看出，MOF 是 MDA 基础标准。

1.6　UML 的建模对象

UML 是一种有效的面向对象分析和设计的建模工具，那么如何在面向对象编程方法中应用 UML 图形进行软件建模呢？在回答这个问题之前，必须先了解软件开发过程中都需要建立哪些软件模型，即 UML 的建模对象是什么，然后，才能有的放矢地选择相应的 UML 建模图形工具为软件建模。

在软件的生命周期中,软件有两种存在形式,即静止状态和运行状态。UML 提供的建模图可分为结构和行为两大类型,所以,在软件开发的分析和设计时,需要从三个方面来考虑建立软件模型,如表 1-1 所示。

(1) 静止状态下的结构。

(2) 运行状态下的结构。

(3) 运行状态下的行为(或功能)。

表 1-1 UML 软件模型的分类

模型 \ 状态	静止状态	运行状态
结构模型	静止状态下的结构	运行状态下的结构
行为模型	(无行为)	运行状态下的行为

1.6.1 UML 的结构模型

软件不只具有一种结构,就像一座建筑一样,包括起支撑作用的框架结构,进排水用的管道结构,电力和通信用的线路结构,起隔离作用的坚壁结构等。从软件整体角度看,也称软件为软件系统,根据对软件系统的关注角度不同,软件系统结构也有多种不同的表现形式。表 1-2 给出了用于表达不同结构的 UML 图。

表 1-2 表达静止状态和运行状态下软件结构的 UML 图

UML 图 \ 软件的结构	静止状态	运行状态
构件图	√	
类图	√	
部署图	√	
对象图		√

1. 静止状态下的结构

当软件处于逻辑设计阶段时，人们关注的是软件系统的组成结构。根据组成单位的不同，软件系统组成结构可以分为构件(Component)结构和类(Class)结构，所以，可以用构件图(Component Diagram)和类图(Class Diagram)来建立这两种结构模型。

当软件处于物理部署阶段时，人们关注的是软件程序在计算机硬件系统中的物理分布和部署方法，这时需要的是软件系统的部署结构，UML 的部署图(Deployment Diagram)用来解决这类建模问题。

2. 运行状态下的结构

当软件处于运行状态时，人们关注的是软件系统在运行时某一瞬间的状态。软件在运行时，组成软件的基本单位类(Class)是以对象(Object)的形式存在的，这时，软件系统的瞬间状态模型以对象结构模型的形式表达，可以选用对象图(Object Diagram)来建立系统在运行状态瞬间的结构模型。

1.6.2 UML 的行为模型

软件只有在运行时才有行为(即功能)。软件系统行为的表现形式是不同的：与软件功能相关联的行为是系统行为，与对象相关联的行为是对象的行为，与对象某一行为的内部执行逻辑相关联的行为是逻辑行为。表 1-3 给出了用于表达软件系统运行状态下不同行为的 UML 图。

表 1-3 表达软件系统运行状态下行为的 UML 图

UML 图 \ 软件的行为	系 统 行 为	对 象 行 为	逻 辑 行 为
用例图	√		
顺序图		√	
状态图		√	
通信图		√	
活动图			√

1. 系统行为

系统在运行状态下的行为是由用户提出的需求决定的,将用户目标链接到系统设计是非常重要的。在系统开发过程中,用例描述了各种情况下系统的行为和系统响应其中一个相关人(系统的主要参与者)的请求时的行为,也就是说,用例用于发现系统的行为。一个系统拥有许多用例,UML 的用例图用于为系统行为所涉及的诸多的用例建立相互关联的模型。但是,UML 用例图不等于用例,用例图并不描述具体系统行为,将在第 2 章详细讲述。

2. 对象行为

在运行状态下,系统行为的实现是由对象行为的协同作用综合表现的。每个对象都有多种行为,如何完整全面地确定一个对象全部可能的行为呢?这个建模问题需要应用 UML 的顺序图或通信图来解决。当对象的行为是在一种状态下实现的,则应用 UML 的顺序图或通信图就可以描述对象的所有行为了,但是,如果对象的行为随着对象状态的变化而变化,UML 的顺序图或通信图就遇到了局限性,这时需要应用 UML 的状态图来全面地分析该对象所有可能发生的状态以及在每种不同状态下相应的行为。

3. 逻辑行为

软件系统和其对象可能是一个简单的动作(Action),也可能是由一系列动作组成的一个活动(Activity),这种活动通常可能涉及在一系列条件的限制下与多个其他对象的信息交流的过程。这种具有复杂逻辑活动的行为称为逻辑行为,可以应用 UML 的活动图(Activity Diagram)来为该行为建模。

1.7 总　　结

UML 是一种建模语言,具有广泛的应用领域,它不仅可以应用于软件领域的建模,也可以用于非软件领域的建模,例如,在企业管理中,对企业的组织结构、工作流程和工艺设计的建模等。另外,UML 不是一种开发方法,它是独立于任何软件开发方法之外的语言。利用它建模时,可遵循任何类型的建模过程。

UML 特别适用于以面向对象分析和设计作为软件开发方法的建模。UML 建模活动可能是从办公室的白板或桌子上的白纸上画 UML 草图开始的,然后建模者会用他们画出的 UML 模型图与其他的相关人员交流,当他们认为所建的模型是正确的之后,他们才会坐下来根据模型图的要求进行编码的工作,这样在编写代码时就不会出现严重的逻辑错误。

软件工程的研究和实践证明,在提高软件工程的质量、降低软件开发的风险、处理复杂的功能需求、建立有效的开发平台等诸多软件开发中的关键问题方面,UML 建模是非常有效的方法。

第 2 章 用 例 图

Image courtesy of Stuart Miles/FreeDigitalPhotos.net

2.1 基于用例的系统行为建模

系统的行为(即功能)是由用户提出的需求所决定的。现在,我们开始面对客户倾听他们讲述关于所要开发项目的需求。这是一个生产计划系统(Produce Plan System)项目,简称它为 PPS 项目。PPS 项目要解决的首要问题是如何根据订单量来保证原材料的最低库存量。根据用户的描述,可以初步确定 PPS 系统具有以下行为特征：创建销售订单、取消订单、创建生产计划单、创建采购合同、取消采购合同、零配件出库、零配件入库、计算预计可用库存量等。

我们需要对 PPS 的需求进行细化，即把一个大问题分解和抽象为若干个子问题。这些子问题就是用例(Use Case)，它描述的是系统行为，UML 正是用用例图为系统行为建模的。

2.2 用 例 图

用例图(Use Case Diagram)主要用于描述系统的行为及各种功能之间的关系，是描述参与者(Actor)与用例以及用例与用例之间关系的图。用例图从用户和外部系统的角度，分析和考察系统的行为，并通过参与者与系统之间的交互关系描述系统对外提供的功能特性。UML 的用例图由参与者、用例及它们之间的关系组成，它的表达方式为：

用例图 = 参与者 + 用例 + 关系

```
Use Case Diagram = Actor + Use Case + Relationship
```

2.3 用例图的表示方法

2.3.1 参与者

参与者是用例的启动者，参与者处于用例的外部并且能够初始化一个用例，但它并不是所描述系统的一部分，它可能是人或其他外界系统。

UML 表示参与者的方式有很多种，最常见的是用简笔人物画表示，将参与者的名字放在简笔人物画的下面，如图 2-1 所示。

在 UML 2.0 中，参与者的符号被表示为图 2-2 的形式。

图 2-2 中的<< Actor >>是一个构造型(Stereotype)，表示当前的 UML 元素表达的是参与者的概念。在图 2-2 中，planner 是参与者的名字，它通常是一个名词。

构造型可以扩展已存在元模型的语义，具体可以参见附录 A。

图 2-1 参与者的符号

```
<<Actor>>
planner
```

图 2-2 UML 2.0 表示参与者的方法

2.3.2 用例

Booch 等人在 1999 年出版的 *Unified Modeling Language User Guide* 中将用例定义为"若干动作序列集合的描述,包括由系统执行并产生可观察的、对某参与者有价值的结果的变体",Rational 统一过程(Rational Unified Process,RUP)将用例定义为"一系列包含变量的动作描述,系统由此对特定用户产生有价值的可见结果"。

用例技术简史

用例技术的创始人是 Ivar Jacobson。1967 年,Jacobson 开始在爱立信公司从事对大量不同电话呼叫类型建模的工作。当时他把各种不同类型的电话呼叫情况称为 Traffic Case。1986 年春天,在研究如何把 Traffic Case 映射到功能的过程中,Jacobson 突然产生了灵感,发明了 Use Case 这个术语。

在提交给 OOPSLA'86 的一篇会议论文 *Language Support for Changeable Large Real Time Systems* 中,Jocobson 首次提出了用例的概念,可惜当时那篇文章没有被 OOPSLA 接受。1987 年,Jacobson 在论文 *Object-Oriented Development in an Industrial Environment* 中进一步介绍了许多用例建模的关键思想,并提出用例是由用户和系统在一次对话中执行的一个特殊事务序列。此后,用例的方法很快被人们所接受,并大量应用于需求工程中。

在获得了深入理论研究和充分实践经验的基础上,Jacobson 与其同事一起于 1992 年出版了 *Object-Oriented Software Engineering: A Use Case Driven Approach*,奠定了 OOSE 和用例方法的基础,这无疑是一本软件工程史上划时代的里程碑之作。

1995 年,Jacobson 加入了 Rational 公司,并与另两位大师 Grady Booch、James Rumbaugh 携手一同领导面向对象建模语言的统一进程,用例和 OOSE 随之融入了 UML,并与 Objectory 过程、Rational 方法结合产生了如今闻名遐迩的 Rational 统一过程(RUP)。RUP 的三个基本特征就是用例驱动、以架构为中心和迭代递增式开发。

简单地说,用例就是对一组动作序列的描述,系统执行该动作序列为系统的参与者产生一个可观察的结果。这个动作序列就是业务工作流程。

用例反映用户的需求,而不是反映开发人员的愿望。

找到参与者之后,就可以根据参与者来确定系统的用例,主要通过考察系统的各个参与者需要系统提供什么样的服务,或者说参与者是如何使用系统的。

UML 有两种表达用例的方式:一种是用一个椭圆加上一个放置在椭圆中心的用例名称来表达用例,创建销售订单的用例如图 2-3 所示。

图 2-3　UML 用椭圆形表示用例

另一种方式是用分栏的矩形框来表达用例,第一栏标明用例的名称,并且在右上角画一个小椭圆表示当前的 UML 元素表示的是用例,矩形框的第二栏放置其他与这个用例有关的细节,例如扩展点、被包含用例等。如图 2-4 所示,在用例 Create Order 中,增加了扩展点构造型<< Extension Point >>表示该用例有一个扩展点称为 sale styles。

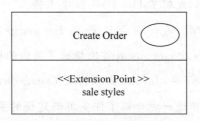

图 2-4　UML 用矩形表示用例

所有用例都应该有名称,建议使用动名词为用例命名。例如,用例 Create Order 或 Estimate Available Inventory。这反映出用例应始终以用户的角度来定义,而不是以系统功能的角度定义。

可以将一个参与者与一个或多个用例关联(Association),这种关联关系揭示了参与者初始化一个用例,而用例向参与者提供有价值的可见结果。关联关系用实线来表示,如图 2-5 所示,用实线将参与者 salesman 与用例 Create Order 和 Cancel Order 连接起来以表达这种关联关系。

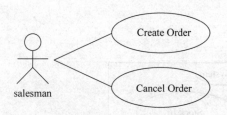

图 2-5　参与者与用例之间的关联

一个系统中的每个功能都有它的所属范围,所以用例用系统边界(System Boundary)来定义这种范围。在决定参与者、设计一个系统、子系统或某个部件的时候,这种划分系统边界的技术对于决定系统的规模和分配责任是十分有用的。

系统边界是用来表示正在建模系统的边界,边界内表示系统的组成部分,边界外表示系统外部。

UML使用矩形框来表达系统的边界,在矩形框的左上方放置系统的名字。

例如,如果所要定义的系统边界仅限于业务员的工作,那么Create Order和Cancel Order就应属于Sale System,如图2-6所示。

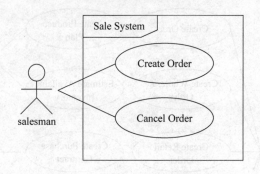

图 2-6　业务员处于系统边界之外

比较库存Estimate Available Inventory、零配件入库Stock In和零配件出库Stock Out属于库存系统Storage System,创建采购合同Create Purchase Contract和取消采购合同Cancel Purchase Contract则属于采购系统Purchase System。图2-7和图2-8列出了不同参与者的系统边界。

在PPS项目中,通过需求分析,识别出了参与者,它们包括:salesman、purchaser、storeman和planner。我们捕获了几个用例,当然,这只是PPS项目的一部分用例,注意,用动名词为这些被捕获的用例命名。图2-9是PPS项目用例图的最初版本(附录B中给出了PPS项目中的部分用例的详细描述)。

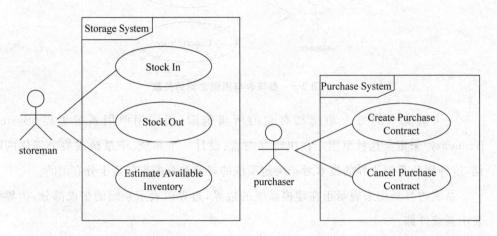

图 2-7　库管员的系统边界　　　图 2-8　采购员的系统边界

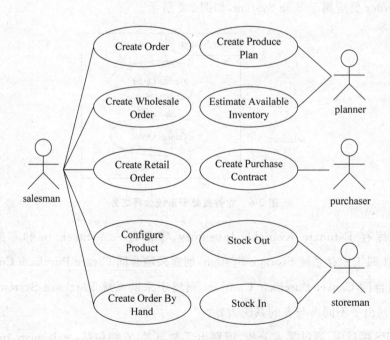

图 2-9　PPS 项目用例图的最初版本

2.3.3 用例之间的关系

在简单的用例图中,只表述参与者和用例之间的关系。但有时需要表达参与者之间以及用例之间的关系。

可以认为用例之间都是并列的,它们并不存在着包含从属关系。但是从保证用例模型的可维护性和一致性的角度来看,用例建模提供扩展(Extend)、包含(Include)和泛化(Generalization)关系支持对不断增加的复杂性和细节进行细化,也就是说,可以在用例之间抽象出包含、扩展和泛化这几种关系,从现有的用例中抽取出公共的那部分信息,然后通过不同的方法来重用公共信息以减少模型维护的工作量。

1. 泛化关系

泛化关系是两个用例或两个参与者之间的关系。

当多个用例共同拥有一种类似的结构和行为的时候,可以将它们的共性抽象为父用例,其他的用例作为子用例,用例间的这种关系被称为用例的泛化关系。A 是 B 的泛化,意味着 A 描述的是一般的行为,而 B 是这些行为的详细(Specific)版本,A 被称为父用例(Parent Use Case)或基用例(Base Use Case),B 被称为子用例(Child Use Case)。在用例的泛化关系中,子用例是父用例的一种特殊形式,子用例继承(Inherit)了父用例所有的结构、行为和关系。

在用例图中,泛化关系用实线加上空心的箭头来表示。子用例被连接在箭头的尾部,箭头指向父用例。以 PPS 项目为例,用例 Create Wholesale Order 和 Create Retail Order 都包括一系列公共的行为,如系统提供空白订货单表、业务员输入客户信息、业务员选择产品销售方式、业务员填写需求数量、系统显示产品价格并且合计总价等,因此,可以将这些公共的行为泛化为用例 Create Order,如图 2-10 所示。

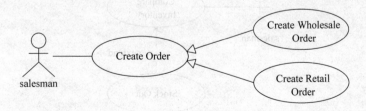

图 2-10 Create Order 是对 Create Wholesale Order 和 Create Retail Order 的泛化

参与者之间也存在着这种泛化关系。例如，如果建模了一个数据库管理员和一个备份管理员，然后发现他们的工作中有一部分是重叠的，那么，就可以创建一个称为系统管理员的参与者作为数据库管理员和备份管理员的泛化。

2. 扩展关系

扩展是两个用例之间的关系，它使得每个用例可以通过扩展用例向基用例中添加额外的行为来扩展基用例的功能。用例的扩展机制允许从一个基用例开始开发一个复杂的系统，并且能够在不改变基用例的前提下向基用例中扩展更多的行为。用例 A 扩展了用例 B，则 A 称为扩展用例(Extend Use Case)或子用例，B 称为基用例，它表示扩展用例 A 的事件流在一定的条件下按照相应的扩展点可插入基用例 B 中，这就需要在基用例中定义一至多个已命名的扩展点。选用扩展关系可以把一些可选的操作独立封装在另外的用例中，避免基用例过于复杂。

扩展关系用虚线加上开箭头来表示。扩展用例被连接在箭头的尾部，箭头指向基用例，在虚线处添加一个<< extend >>表示扩展关系。例如，在基用例 Compare Inventory 中，如果库存量足够多，则可以启动零配件出库的功能，如果库存量不足则需要创建采购合同。所以 Stock Out 和 Create Purchase Contract 是在用例 Compare Inventory 基础上的扩展，可将其建模为扩展关系，如图 2-11 所示。

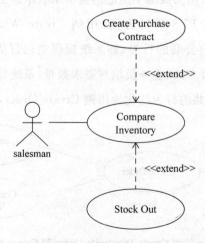

图 2-11　用例的扩展关系

3. 包含关系

包含是两个用例之间的关系。当多个用例需要用到同一段行为时，可以把这段共同的行为单独抽象成为一个用例，然后让其他的用例来包含这一用例，从而避免在多个用例中重复描述同一段行为，也可以防止该段行为在多个用例中的描述出现不一致性。当需要修改这段公共的需求时，也只需要修改一个用例，避免同时修改多个用例而产生的不一致性和重复性工作。用例 A 包含 B，将 A 称为基用例，B 称为被包含用例(Inclusion Use Case)。包含关系表示基用例会用到被包含用例，被包含用例的事件流在基用例的某个点处插入到基用例的事件流中。

值得注意的是，对于包含关系而言，子用例中的事件流是一定插入到基用例中去的，并且插入点只有一个，而扩展关系可以根据一定的条件来决定是否将扩展用例的事件流插入到基用例事件流，并且插入点可以有多个。包含关系是无条件的，扩展关系是有条件的。

包含关系用虚线加上箭头来表示。基用例被连接在箭头的尾部，箭头指向被包含用例，在虚线处添加一个<< include >>标签以表示包含关系，如图 2-12 所示。

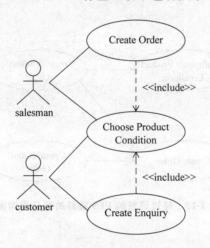

图 2-12　包含关系

在 PPS 项目中，选择产品状态(Choose Product Condition)会在许多场合下发生，在创建销售订单和创建询价单中选择产品状态都是必不可少的活动，所以把选择产品状态作为一个被包含的用例插入到 Create Order 和 Create Enquiry 用例中，如果需要改动选择产品状态用例，则不用对每一个用例都做相应修改，这样就提高了用例模型的可维护性。

图 2-13 给出了 PPS 项目经过调整之后的部分用例。

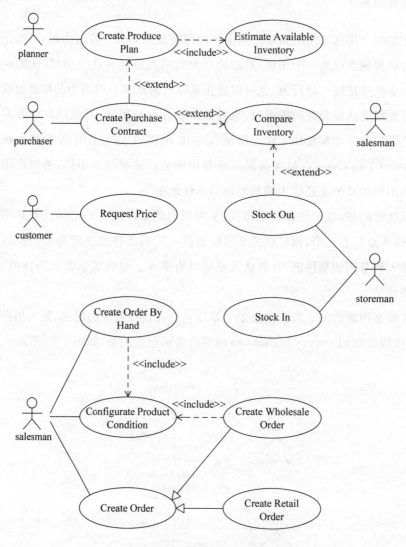

图 2-13　经过调整的 PPS 项目的部分用例图

2.4　总　　结

至此，我们应用用例建立了初步的需求模型。应该避免这样一种误解——认为 UML 的用例图就是用例。

用例模型主要用于描述系统的行为（功能）以及行为之间的关系。用例图从用户的角度分析和考察系统的行为，并通过参与者与系统之间的交互关系描述系统对外提供的功能特性。用例图由参与者、用例和它们之间的关系组成。

这里还要说明一下用例规约。用例规约用于描述每一个用例的详细信息,这些信息应用用例的属性表示,用例的属性将用例规约划分为若干逻辑块,规定了每一个用例规约必须包含的内容,为一个给定项目的所有开发人员定义了用例规约的结构,但是它不属于 UML 的内容。Bittner 等人在 *Use Case Modeling* 中对用例的属性做出了总结,用例的属性主要包括:名称、参与者、简要描述、事件流、特殊需求、前置条件、后置条件、扩展点和用例间的关系。本书附录 B 给出了 PPS 项目的部分主要用例的用例规约,供读者参考。

第 3 章 对 象 图

Image courtesy of Witthaya Phonsawat/FreeDigitalPhotos.net

3.1 基于对象的系统瞬间状态建模

我们经常需要考虑软件系统在运行过程中决定它某种行为的瞬间状态是什么,因为在系统运行时,系统的瞬间状态(State)决定了那一时刻的系统行为特点,由于运行中的软件系统的基本组成单位是以对象(Object)的形式存在的,所以,系统的瞬间状态实际上是由所有参与系统运行的对象的状态所决定的。为了确定在某个特定的时间点上系统行为的状态,需要建立系统在那一时刻所有相关联对象的状态模型,UML用对象图为这个需要建立模型。

对象图为对象瞬间状态建模,这种建模就像在某个时间点上给系统的所有参与对象拍下一张对象状态的快照,这张照片描述了系统在这个时间点上的一系列对象的状态值和它们之间的链接。

3.2 对象图

对象图由对象和对象间的链组成,可以表示为:

对象图 = 对象 + 链

```
Object Diagram = Object + Link
```

3.3 对象图的表示方法

3.3.1 对象

对象(Object)是真实世界中的一个物理上或概念上具有自己状态和行为的实体。UML 表示对象的方式十分简单:在矩形框中放置对象的名字,名字下加上下划线表示这是一个对象。对象名的表达遵循的语法为:

对象名:类名

```
object name:Class name
```

这种表达方法的每个部分都是可选的,因此,对象名可以有三种表达形式:

(1) object name

(2) object name:Class Name

(3) :Class Name

注意它们都有一个下划线。

例如,类 Order 的对象可写为 myOrder,如图 3-1 所示。

但是,如果表示 myOrder 这个对象所实例化的类的时候,可以用第二种表达方式,如图 3-2 所示。

当对象的名字在上下文环境(Context)中并不重要的时候,也可以使用一个匿名对象(Anonymous Object)来表示对象,即只用类名字加下划线表示对象,如

图 3-3 所示。

图 3-1　对象 myOrder　　图 3-2　对象 myOrder 的另一种　　图 3-3　用匿名对象来
　　　　　　　　　　　　　　　　　　　表示方法　　　　　　　　　　　表示对象

还可以用两栏的矩形框来描述一个对象，第一栏放置对象名，第二栏放置该对象的属性。对象图中属性的表达方式为：

属性名：类型 = 值

```
attributes name: type = value
```

attributes name 是属性的名字，type 表示属性的类型，value 是属性的状态值。图 3-4 给出了类 Company 的对象 myCompany 及其属性。

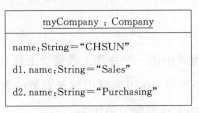

图 3-4　带有属性的对象

注意，对象图中只列出属性和它的状态值，而不列出行为。这是因为对象图关心的是系统对象瞬间状态，而不是每个对象所具有的行为。

3.3.2　链

有的时候仅表示对象本身并不重要，更多时候，需要表达对象之间在系统的某一个特定的运行时刻是如何在一起工作的，这就需要展示对象之间的关系。对象图用链将这些对象捆绑在一起，UML 将其称为 Link，即链。UML 用实线表示链，如图 3-5 所示，在链上可以加一个标签表示此链接的目的，如 manager 和 employee，标签是可选的。

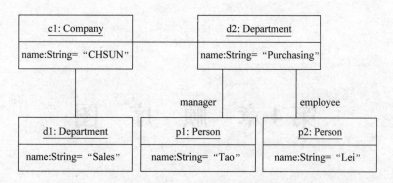

图 3-5 对象和它们之间的关系

3.4 总　　结

本章介绍的对象图描述的是在某个时间点上系统的一系列对象、它们之间的链接和状态。它关注的是所有参与对象当时的状态,它并不关注对象之间的关系。过于细致的对象图会降低系统模型的抽象程度,这不利于从更高的层次理解整个系统的架构和运作。但是通过描述对象图来证明系统运行瞬间行为的准确性时,对象图模型是一种有效的工具。

第4章 顺 序 图

Image courtesy of Scottchan/FreeDigitalPhotos.net

4.1 基于交互的对象行为建模：交互时的行为顺序

用例实现（Use Case Realization）的第一步是发现用例中的对象，用例实现的第二步是确定所有对象的应有行为（或责任）。为了确定每个对象的行为，首先要分析用例中对象之间的交互作用（Interaction）。

以 PPS 项目中的用例创建销售订货单为例，用 UML 的顺序图（Sequence Diagram）来描述在创建销售订货单用例中对象之间的相互作用关系，如图 4-1 所示。在需求分析的初期，为了分析系统的行为，可以把创建销售订货单简单地看成是销售员 Salesmen 与系统 SalesSystem 两个对象之间的相互作用，销售员要求系统创建新的订货单，然后销售员填写有关客户、产品等信息，最后销售员向系统提交订货单。通过对象交互图可以一目了然地确定 SalesSystem 的三个主要行为是：创建订货单、填写订货单详细信息、提交订货单。

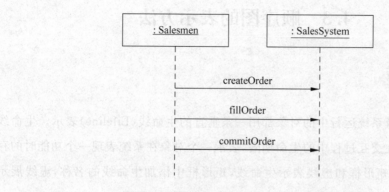

图 4-1 创建销售订货单用例的一个简单的顺序图

交互图(Interaction Diagram)为基于交互的对象行为建模,是 UML 用于描述对象之间信息的交互过程的方法,是描述对象间协作关系的模型。交互图指出对象如何通过协作来完成用例中捕获的业务流程。交互图中的对象可能代表的是一个子系统、一个构件或一个类的对象。

UML 有两种表达形式的交互图:顺序图(Sequence Diagram)和通信图(Communication Diagram)。它们均可以完整地表达对象之间信息的交互过程,但是由于它们所采用的表达方式不同,它们的关注点有所不同。如果按时间顺序对消息的交互过程建模,则使用顺序图,它展示的是按时间顺序发生的消息传送。如果按对象关联对消息的交互过程建模,则使用通信图,通信图强调的是消息交互传递中对象之间的关联。本章介绍的是顺序图,顺序图为交互时对象的行为顺序建模,第 5 章将介绍通信图。

4.2 顺 序 图

顺序图用于捕获系统运行中对象之间有顺序的交互,强调的是消息交互的时间顺序。顺序图描述了对象实现全部或部分系统功能的行为模型。顺序图由生命线和消息组成。

顺序图 = 生命线 + 消息

```
Sequence Diagram = Lifeline + Message
```

4.3 顺序图的表示方法

4.3.1 生命线

每个参与者及系统运行中的对象都用一条垂直的生命线(Lifeline)表示。生命线展示了一个对象在交互过程中的生命期限,表示一个对象在系统表现一个功能时的存在时间。UML 用矩形框和虚线表示生命线,矩形框中添加生命线的名称,虚线展示了参与交互的对象的生命长度,生命线的表示方法如图 4-2 所示。

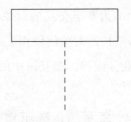

图 4-2　生命线的表示方法

在矩形框中添加生命线的描述标签,可以使用下面的语法,注意语法中的各个部分都用斜体表示,说明它们都是可选的部分。

对象名 *[选择器] : 类名 ref decomposition*

```
object_name [ selector ] : Class_name ref decomposition
```

object_name 是生命线对象的名字,由于同一个类的对象可以有不同的状态值,所以有时需要识别每个对象个体,这时可以在 selector 中标明。Class_name 说明了参与协作的对象的类型。ref 是引用(Reference)的英文缩写,decomposition 也是个可选的部分,它指明在另一个更详细的顺序图中展示了当前交互的参与者如何处理它所接收到的消息的细节。下面给出生命线的一些示例。

在图 4-3 中类名是 Sale,生命线指的是 Sale 的对象,但是没有给出具体对象的名字,这里是用 :Class name 的形式表达的。

在图 4-4 中,指出 Sale 的对象名字是 s1,这里是按 object_name:Class_name 的形式表达的。

第 4 章 顺 序 图

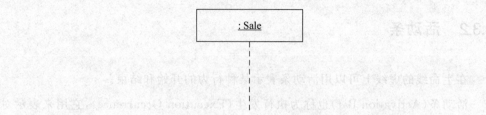

图 4-3　用 :Class_name 表示生命线

图 4-4　用 object_name:Class_name 表示生命线

在图 4-5 中,用 i 表示一组 Sale 的对象中第 i 个对象。

图 4-5　用 object_name[selector]:Class_name 表示生命线

在图 4-6 中,ref ComSale 表示 ComSale 将在其他的顺序图中给出详细描述。

图 4-6　用 object_name:Class_name ref decomposition 表示生命线

4.3.2 活动条

在生命线的虚线上可以用活动条表示某种行为的开始和结束。

活动条(Activation Bar)也称为执行发生(Execution Occurrence),它用来表示对象的某个行为所处的执行状态,活动条用小矩形条表示,图 4-7 是一个带活动条的顺序图的例子。但是,这里要强调的是在生命线上并非一定要用活动条来表示执行的发生,活动条的加入使得执行发生更形象化,但是在行为繁多的顺序图中,活动条也使图示更复杂,所以,在这种情况下,倾向不使用活动条。

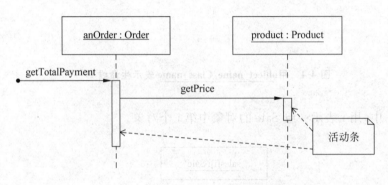

图 4-7 带活动条的顺序图

4.3.3 消息

1. 什么是消息

在面向对象的分析和设计中,对象的行为也称为消息(Message),因为对象之间行为的交互作用也可以看成是对象之间发送消息实现的。通常,当一个对象调用另一个对象中的行为时,即完成了一次消息传递。由于顺序图强调的是对象行为的发生顺序,所以,也可以说是消息发生的时间顺序。

顺序图关注生命线间的通信,这些通信就是对象发送的消息。UML 用生命线间带有实心箭头的实线表示消息,每条消息从发送对象指向接收对象。如图 4-7 中,getTotalPayment、getPrice 都是简单地表达消息的例子。

顺序图帮助发现系统中应该有多少个对象以及每个消息应该属于哪个对象。在图 4-7 中,对象 anOrder 向类 Product 的对象发送了消息 getPrice,消息 getPrice 属于类 Product 的对象。同样,消息 getTotalPayment 为对象 anOrder 所有,并在消息 getTotalPayment 中,对象 anOrder 调用了 Product 的对象的消息 getPrice。下面的程序说明了这个问题。

```
public class Order{
  Product product;
  public float getTotalPayment (){
    …
    product.getPrice();
    …
  }
}
public class Product{
  public float getPrice(){
    …
  }
}
```

2. 消息的命名

每一个消息都必须命名。在表达消息的箭头上,放置表示消息名称的标签,其语法如下:

属性 = 信号或消息名(参数:参数类型) : 返回值

attribute = signal_or_message_name (parameter:parameterType) : return_value

其中,attribute 展示了消息的返回值将被存储于发送消息方的属性中,这些属性可能是发送消息的对象的某个属性、参与交互的全局属性或者参与交互的类的实例的属性。signal_or_message_name 指明了消息的名字。parameter 指消息的参数,parameterType 是这个参数的类型,parameter:parameterType 指明了消息的参数列表,各参数间用逗号相隔。return_value 指明了消息的返回值。表 4-1 是根据上述语法给出消息的一些例子。

表 4-1 消息的例子

消息的例子	说 明
get()	消息的名字是 get,其他信息未知
set(item)	消息的名字是 set,有一个参数为 item
d = get (id)	消息的名字是 get,有一个参数为 id,消息返回值是 id

消息的例子	说　明
d = get (id1:ItemID, id2:ItemID) : Item	消息的名字是 get，它有两个参数，id1 和 id2，这两个参数都是 ItemID 类型的，消息返回类 Item 的对象，该对象被存储在消息调用方的属性 d 中

3. 简单消息、同步消息和异步消息

消息分为简单消息（Simple Message）、同步消息（Synchronous Message）和异步消息（Asynchronous Message）。

简单消息只表示控制如何从一个对象发给另一个对象，并不包含控制的细节。同步意味着阻塞和等待，如果对象 A 向对象 B 发送一个消息，对象 A 发出消息后必须等待消息返回，只有当对象 B 处理消息的操作执行完毕后，对象 A 才可继续执行自己的操作，这样的消息称为同步消息。异步意味着非阻塞，如果对象 A 向对象 B 发送一个消息，对象 A 不必等待对象 B 执行完这个消息，就可以继续执行自己的下一个行为，这样的消息称为异步消息。

UML 用实体箭头表示同步消息，称为 Filled Arrow，图 4-7 中 getTotalPayment 和 getPrice 都是同步消息。

用开放式箭头表示异步消息，称为 Open Arrow，图 4-8 中 setPrice 就是一个异步消息。

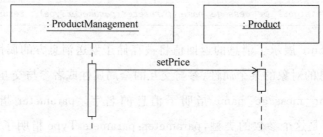

图 4-8　异步消息

4. 对象创建消息

参与交互的对象不必在整个顺序图交互的完整周期中一直存在，可以根据需要，通过发送消息来创建和销毁它们。创建对象的消息被称为对象创建消息（Object Creation Message），表示对象在交互过程中被创建，通过构造型<< create >>来表示。

图 4-9 为创建用户新账户的例子。

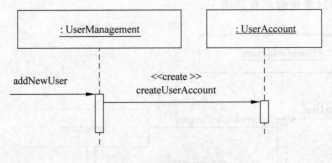

图 4-9 对象创建消息

下例为图 4-9 对应的一段简单的 Java 代码。

```
public class UserManagement{
    public void addNewUser(){
    …
    UserAccount anUserAccount = new UserAccount();
    …
    }
}
```

也可以用如图 4-10 所示的方法来表示创建对象消息,即消息的箭头直接指向被创建对象生命线的头部。这样就不需要图 4-9 中的构造型<< create >>了。

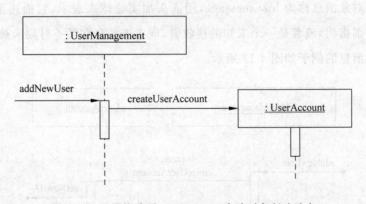

图 4-10 不用构造型<< create >>表达对象创建消息

5. 对象销毁消息

一个对象可以通过对象销毁消息(Object Destruction Message)销毁另一个对象,当然,它也可以销毁它本身。UML 将构造型<< destroy >>作为消息的标签来表达对象销毁消息,同时在对象生命线的结束部分画一个"×"来表示该对象被销毁了。图 4-11 是一个对象销毁消息的例子。

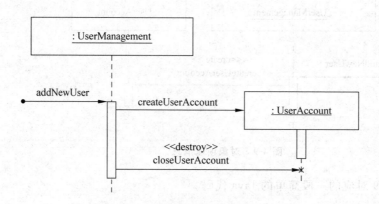

图 4-11 对象销毁消息

在 Java 中,使用垃圾回收机制来处理对象的销毁。

6. 无触发对象和无接收对象消息

无触发对象消息称为 found message,用活动条开始端点上的实心球加箭头来表示,它表示消息的发送者没有被详细指明,或者是一个未知的发送者,或者该消息来自于一个随机的消息源。

无接收对象消息称为 lost message,用箭头加实心球来表示,它描述消息的接收者没有被详细指明,或者是一个未知的接收者,或者该消息在某一时刻未被收到。

这两类消息的例子如图 4-12 所示。

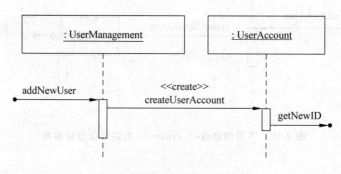

图 4-12 Found 和 Lost 消息

7. 自我调用消息

自我调用消息表示消息从一个对象发送到它本身,可以通过活动条的嵌套来表示自我调用消息(Call Self Message)。图 4-13 中,消息 getDiscount 就是一个自我调用消息的例子。

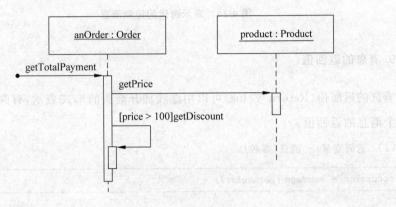

图 4-13 自我调用消息

8. 控制信息

下面两种情况可以应用控制信息(Control Information)表达。

(1) 条件(Condition):仅当条件为真的时候消息才被发送。其语法为:

[表达式]消息标签

[expression] message – label

其中,条件表达式放置在[expression]中。图 4-13 中,消息[price>100] getDiscount() 就是表达条件的控制消息的例子。

(2) 迭代(Iteration):为了接收多次对象消息被发送多次。其语法为:

*[表达式]消息标签

* [expression] message-label

"*"表示这是一个迭代,迭代条件放在[expression]中。图 4-14 给出了这种类型的控制消息的例子,它表示 HumanResource 将反复向 SaleDepartment 发送消息 addSalesman 直到条件表达式 until full 为真。

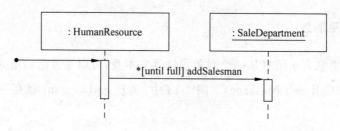

图 4-14　表示迭代的控制消息

9. 消息的返回值

消息的返回值（Return Value）可以用虚线加开箭头的形式表示，有两种方法来表达一个消息的返回值：

（1）返回变量 = 消息(参数)；

```
returnVar = message (parameter);
```

（2）在活动条的结尾应用一个返回消息线。

图 4-15 中的 price 表示的是一个消息 getPrice 的返回值。

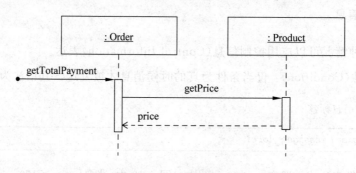

图 4-15　消息的返回值

但是，很多情况下，人们习惯省略消息的返回值。

4.3.4　交互框

UML 2.0 在顺序图中加了交互框（Interaction Frame）。交互框指图中的一块区域（Region）或片段（Fragment），Frames 包含一个操作符（Operator），或称标签（Label），并且包含一个警戒（Guard）。表 4-2 是关于 Frame 操作符的说明。

表 4-2 Frame 操作符说明

类型	参数	含义
ref	无	表示交互被定义在另一个图中。可将一个规模较大的图划分为若干个规模较小的图,方便图的管理和复用
assert	无	表示发生在 Frame 框内的交互是唯一有效的执行路径,有助于指明何时交互的每一步必须被成功执行,通常与状态变量一起使用来增强系统的某个状态
loop	min times, max times, [guard_condition]	循环片断,当条件为真的时候执行循环。也可以写成 loop(n)来表示循环 n 次,与 Java 或者 C♯中的 for 循环比较相似
break	无	如果交互中包含 break,那么任何封闭在交互中的行为必须被退出,特别是 loop 片段,这与 Java 或者 C♯中的 break 语句比较相似
alt	[guard_condition1]… [guard_condition2]… [else]	选择片段,在警戒中表达互斥的条件逻辑,与 if(…) else 语句相似
neg	无	展示了一个无效的交互
opt	[guard_condition]	可选片段,当警戒值为真的时候执行
par	无	并行片段,表达并行执行
region	无	区域,表示区域内仅能运行一个线程

下面举例说明主要的交互片段。

1. alt

操作符 alt 的例子如图 4-16 所示。

如图 4-16 所示的顺序图可以这样理解。

(1) 消息 getPrice 被发送给 SaleManagement,然后根据 quantity 的值进行选择判断。

(2) 如果 quantity 的值小于 MiniAmount,那么 SaleManagement 将向 Retail 发送消息 getPrice。

(3) 否则,SaleManagement 将向 WholeSale 发送消息 getPrice。

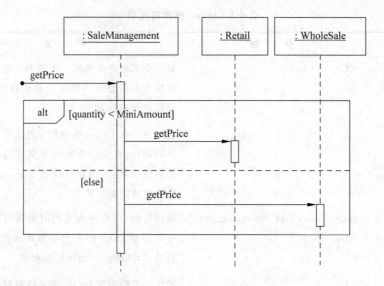

图 4-16　Frame 操作符 alt 的例子

2. loop

Frame 操作符 loop 的例子如图 4-17 所示。

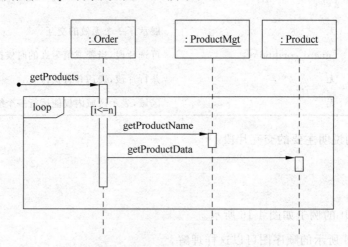

图 4-17　Frame 操作符 loop 的例子

如图 4-17 所示的顺序图可以这样理解：

(1) 消息 getProducts 被发送给实例 Order，Order 判断 i 的值是否小于 n。

(2) 当表达式 i<=n 的值为真的时候，实例 Order 向实例 ProductMgt 发送消息 getProductName 和 getProductData。

3. opt

Frame 操作符 opt 的例子如图 4-18 所示。

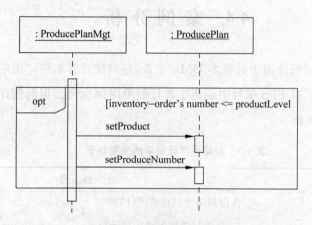

图 4-18　Frame 操作符 opt 的例子

如图 4-18 所示的顺序图可以这样理解：当表达式 inventory-order's number <= productLevel 的值为真的时候，对象 :ProducePlanMgt 分别向 :ProducePlan 和 :Storage 发送消息 setProduct 和 setProductNumber。

4. par

Frame 操作符 par 的例子如图 4-19 所示。

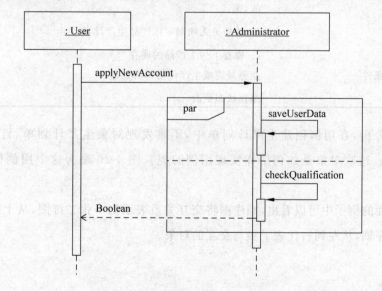

图 4-19　Frame 操作符 par 的例子

图 4-19 的顺序图可以理解为 saveUserData( ) 和 checkQualification( ) 将并行执行。

4.4 案例分析

现在已经掌握了顺序图中的基本 UML 元素,是时候看看如何应用顺序图表示用例中对象的交互了。以 PPS 项目中创建生产计划单用例为例。用例创建生产计划单的主要场景如表 4-3 所示。

表 4-3 创建生产计划单的主要场景

参 与 者	计 划 员
用例描述	该用例用于创建生产计划单
基本流	1. 计划员选择创建生产计划单
	2. 系统提供空白生产计划单
	3. 计划员选择销售订单号
	4. 系统显示订单中的所有产品的名称和数量
	5. 系统计算预计可用库存量
	6. 计划员根据库存量制定产品生产量和预计交货日期
	7. 系统保存生产计划单
备选流	5a. 在基本流的第 5 步,如果可用库存量 > 最低库存阈值,则:
	1. 计划员无须制定该产品生产计划
	2. 检查下一个产品的库存
后置条件	业务员完成生产计划单的创建
	库存状态更改

经过分析,在用例创建生产计划单中,不难发现对象生产计划单、订货单、产品和库存。这些对象是如何协作实现用例的呢?图 4-20 是为这个用例创建的顺序图。

从上面的例子中可以看出,顺序图将交互关系表示为一张二维图,从上到下体现了时间顺序轴,从左到右代表了参与交互的对象。

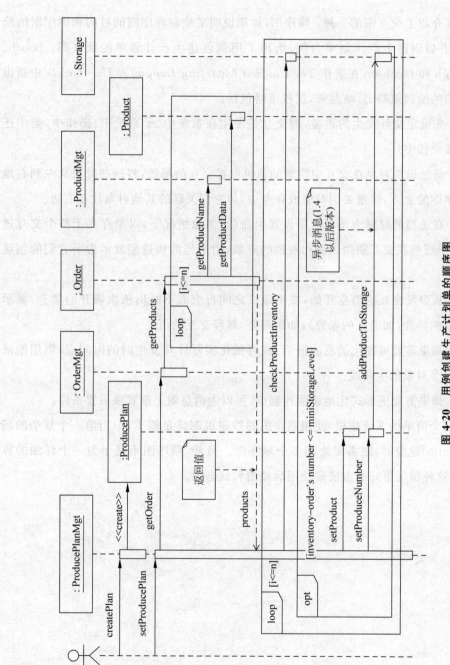

图 4-20 用例创建生产计划单的顺序图

4.5 总　　结

　　本章介绍了交互图的一种：顺序图，详细说明了绘制顺序图的目的和顺序图的绘制方法，并以创建生产计划单为例，给出了用例创建生产计划单的顺序图。Booch、Rumbaugh 和 Jacobson 在著作 *The Unified Modeling Language User Guide* 中指出了顺序图的绘制策略，总结起来，这些策略包括：

　　(1) 先确定交互发生的语境，即交互是发生在系统中、子系统中、操作中、类中还是用例或协作中。

　　(2) 通过识别对象在交互中扮演的角色设置交互的场景，将这些对象从左到右地放在顺序图的上方，较重要的对象放在左边，与它们关联的其他对象放在右边。

　　(3) 在适当的时刻为每个对象设置生命线，多数情况下，对象存在于整个交互过程中，对于那些在交互期间创建和撤销的对象，用适当的构造型显示指明它们的创建和销毁。

　　(4) 从引发交互的消息开始，在生命线之间自上而下画出依次展开的消息，显示每个消息的特性(如消息的参数)，如果需要，解释交互的语义。

　　(5) 如果需要可视化消息的嵌套，或可视化实际计算发生时的时间点，则用激活条修饰每个对象的生命线。

　　(6) 如果需要更形式化地说明控制流，可以为消息附上前置或后置条件。

　　为一个简单的系统建模，使用顺序图的控制机制就足够了，但当给一个复杂的场景(Scenario)建模时，则需要绘制多个顺序图。另外，顺序图不适于为一个详细的算法建模，这种情况更好的方法是使用活动图和状态图。

第 5 章 通 信 图

Image courtesy of Sheelamohan/FreeDigitalPhotos.net

5.1 基于交互的对象行为建模：交互时的对象结构

在第 4 章中，介绍了 UML 交互图可以由两种 UML 图来表示，即顺序图和通信图，本章将讨论通信图（Communication Diagram），它与顺序图一样，都是用来描述对象之间的相互作用的建模工具，只不过通信图强调的是对象之间在交互作用时的关联。

通信图的消息发生顺序用图中的消息编号的方法来表示。在 PPS 项目的用例"创建生产计划单"中,即在图 4-20 中,用顺序图详细描述了对象交互中消息发生的时间顺序和逻辑,同样可以用通信图的方式来表达。图 5-1 是用例"创建生产计划单"的通信图,与图 4-20 表达了同一个交互过程。

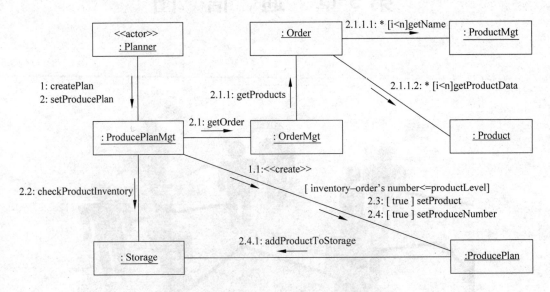

图 5-1 用通信图表示"创建生产计划单"的交互

5.2 通 信 图

在 UML 1.x 中,通信图被称为协作图(Collaboration Diagram)。用例的每个事件流都可以用通信图来描述。通信图中可以有对象、参与者、它们之间链接和交互的消息。

通信图描述参与一个交互的对象的链接,它强调发送和接收消息的对象之间的链接。通信图的表达方式为:

通信图 = 交互的参与者 + 通信链 + 消息

Communication Diagram = Participant + Communication Link + Message

5.3 通信图的表示方法

5.3.1 交互的参与者

交互的参与者(Participant)用一个对象符号表示,在矩形框中放置交互的参与者,显示交互的参与者的名称和它所属的类。如图 5-1 中的 :OrderMgt 和 :ProducePlan 等。在通信图中表示对象的方法与在对象图中表示对象的方法一致,其语法均为:

参与者名:类名

participants name:Class name

注意,虽然整个系统中可能有其他的对象,但只有涉及协作的对象才会被表示出来。在通信图中可能出现 4 类对象:存在于整个交互作用中的对象、在交互作用中创建的对象、在交互作用中销毁的对象、在交互作用中创建并销毁的对象。

5.3.2 链接

链接(Link)是两个对象间的连接路径,它表示两个对象间的导航(Navigation)和可视性(Visibility),沿着这条路径,消息可以流动。UML 用直线表示链接。一般情况下,一个链接就是一个关联的实例。在图 5-1 中, :ProducePlan 和 :Storage 之间有一个链接——或称导航路径,沿着这条路径,消息 addProductToStorage 就可以传递。

5.3.3 消息

在通信图中,对象间的消息(Message)用依附于链接的带标记的箭头和带顺序号的消息表达式表示。

箭头表示消息的方向,箭头通过消息名称及消息参数来标记。沿同一个链,可以显示许多消息,这些消息都有唯一的顺序号,可能发自不同的方向。

顺序号常用在通信图中,因为它们是说明消息相对顺序的唯一方法。图 5-1 中

1：createPlan、2：setProducePlan 等都是消息的例子。

通信图中消息的类型也有很多种，下面逐一解释这些消息。

1. 自我委派消息

消息可能从一个对象发送到它自身，这样的消息被称为自我委派（self Delegation）消息，如图 5-2 中的消息 1.mayPreserve()。

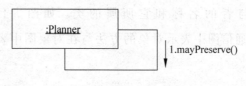

图 5-2　自我委派消息

2. 控制消息

控制消息（Control Message）表示当控制条件为真的时候消息才会被发送。控制消息设置了可选定的消息流，控制消息放置在顺序号的后面，控制消息的控制条件用中括号括起。

图 5-3 的例子展示了控制消息对基于特定条件的消息发送的选择，它表示当 1.1 中控制条件 quantity＜MiniAmount 为真的时候，SaleManagement 将向 Retail 发送消息 getPrice()，否则，SaleManagement 向 Wholesale 发送消息 getPrice()。

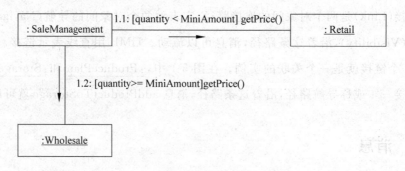

图 5-3　控制消息

3. 嵌套消息和子消息

当一个消息导致了另一个消息被发送的时候，第二个消息被称为嵌套在第一个消息里。这样的消息被称为嵌套消息（Nested Message）。通信图用多级消息号的形式表示这种消息的嵌套。

在图 5-1 的例子中,消息 1.1 << create >>被嵌套在消息 1.createPlan 中,在返回消息 createPlan 之前,:ProducePlanMgt 先向:ProducePlan 发送消息<< create >>。因此,消息 createPlan 被编号为 1,而嵌套消息 create 被编号为 1.1。

消息可以包含多层嵌套,如图 5-1 中的一系列消息 2.setProducePlan、2.1 getOrder、2.1.1 getProducts、2.1.1.1 getName 以及 2.1.1.2 getProductData 都是用嵌套消息的形式表达的。

4. 循环

在通信图中,循环用"*"号来表示,循环子句被放在顺序号的后面,表示循环将按照给定的循环子句重复。如图 5-4 中消息 2.1.1.1 *[i<n] getName 就是一个表示循环的例子,其中,*[i<n]表示消息 getName 在 i 小于 n 的时候将被重复发送。如果仅想表示循环,并不想说明循环的细节,则只加"*"号就可以了。

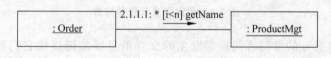

图 5-4 循环消息

5. 并发消息

有的时候,几个消息需要被同时发送,这样的消息称为并发消息(Concurrent Message)。图 5-5 展示了一个并发消息的例子。

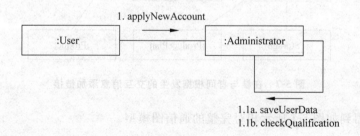

图 5-5 并发消息

其中,消息 saveUserData()、checkQualification() 需要被同时发送,用编号 1.1a、1.1b 表示。

5.4 案例分析

下面,以 PPS 项目中创建生产计划单用例为例,讲述如何应用通信图表示对象的交互。

首先,通过用例分析交互的参与者,得到如图 5-6 所示的创建生产计划单用例中各个交互的参与者。

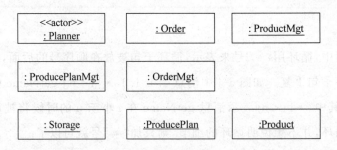

图 5-6　用例中交互的参与者

然后,在有交互的参与者间根据发生的交互消息添加链接使它们彼此能够通信,如图 5-7 所示。

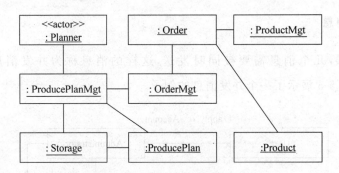

图 5-7　在参与者间根据发生的交互消息添加链接

最后,得到如图 5-1 所示相对完整的通信图模型。

5.5 总　　结

通信图说明对象之间如何通过互相发送消息实现通信,它显示了一系列的对象、这些对象之间的联系以及对象之间发送和接收的消息。

什么时候使用通信图比使用顺序图表示交互更好呢？

对于上面的问题，通过观察图 4-20 和图 5-1，你有什么答案？一般地，我们认为，如果更关注消息调用的顺序，那么就使用顺序图，如果更关注交互参与者间的链接，就使用通信图。通信图显示了系统中对象和对象之间的关联，而这种对象间的关联在顺序图中是无法直接表示的。

通信图特别适合用来描述少量对象之间的简单交互，易于展示对象之间是如何连接到一起的，但是却使我们很难一眼就看出交互中消息的发生顺序。随着对象和消息数量的增多，理解通信图将越来越困难。此外，通信图很难显示补充的说明性信息，例如时间、判定点以及不同种类的消息等，例如，顺序图支持对异步消息的特殊表示方法（开箭头）。但是，在通信图中，并没有同步和异步消息之间的差别进行区分。所以，在顺序图中这些信息可以在通信图中方便地添加到注释中。

总之，顺序图和通信图建模中所表达的交互模型是完全一致的，它们只是从不同的角度表达了系统中的交互，二者是可以互相转换的，Rational Rose 等工具软件提供了自动转换的功能。

第6章 类 图

Image courtesy of Sommai/FreeDigitalPhotos.net

6.1 基于类的系统结构建模

通过顺序图或通信图确定了对象的行为模型后,现在可以根据对象和对象行为模型来建立类模型。建立类模型是整个软件分析和开发中最为重要的一个环节。通常,类的建模有两个目的:一是建立模拟真实世界中的业务关系模型,即域模型(Domain Model),域模型解决的是功能性需求问题;二是建立使类与类之间可能产生最大松耦合关系的模型，即设计模型（Design Model），设计模型是在域模型的基础上解决软件的质量问题，即非功能需求问题。当完成了设计模型这个环节之后，意味着软件编程即将开始。无论是用于表达域模型的类图，还是用于表达设计模型的类图，UML 的类图表达方式都是完全一样的。

例如，通过对顺序图 4-20 和通信图 5-1 的分析，可以根据对象的行为模型来建立域模型类图，通过这个类图来描述类以及类与类之间的关系，如图 6-1 所示。

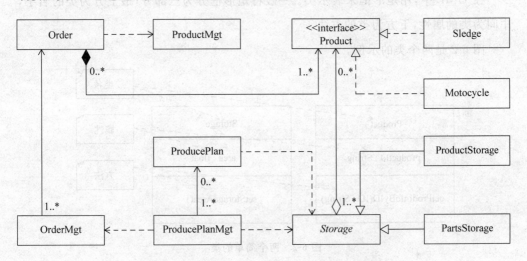

图 6-1　用类图展示的创建生产计划单的域模型

6.2　类　　图

类图（Class Diagram）是类的模型，是利用图示和文字注释描述类以及类和类之间相互关系的方法。类图是 UML 中最重要的建模图示语言之一，它用于建立类、类的内部结构（类的属性和方法）以及类与类之间的各种关系模型。类图是编程最重要的模型依据。

类图是由类（Class）、类之间的关系（Relationship）和约束（Constraint）构成的。它的表达方式为：

类图 = 类 + 关系 + 约束

```
Class Diagram = Class + Relationship + Constraint
```

6.3 类图的表示方法

6.3.1 表示类

在 UML 中,用矩形框来表示类。一般将矩形框分为三部分,最上方为类的名字,中间为类的属性,下方为类的方法。

图 6-2 是两个类的示例。

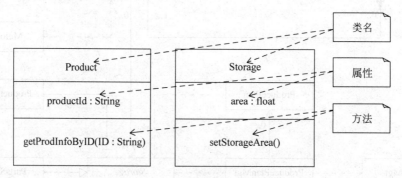

图 6-2 两个简单的类

在实际应用中,只有类名是类图中唯一不可缺少的部件,而类的属性和方法都可以根据具体需要来决定是否表示在矩形框内。

如果需要,还可以向类图中增加其他栏用于表示其他预定义或者用户定义的模型特性——例如用于表示事务规则、职责、变化、信号处理和异常处理等。附加分格的顶部写有分格名字,并用特殊的字体与其内容区分开,如图 6-3 所示。

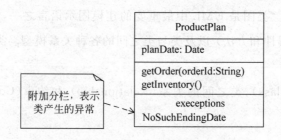

图 6-3 在类图中添加分栏表达附加的内容

1. 类的名字

在 UML 类图中,类用一个矩形框表示。在这个矩形框中,类的名字是不能省略的,其他组成部分,如属性和方法则可以根据类图的使用目的而省略。在系统分析设计阶段,可以用任何语言为类命名。但是,一般用英语,因为这可以直接与编程对应,英文命名的规则是类名的首字母要大写。如果类名中包括多个单词,应该把每个单词的首位字母均大写。还要注意的是,正体字书写的类名说明类是可被实例化的类,即具体类(Concrete Class),斜体字说明类为抽象类(Abstract Class),接口(Interface)则用构造型的方式来表示。例如,具体类 OrderMgt、抽象类 *Storage* 和接口 Product 的命名如图 6-4 所示。

图 6-4　具体类、抽象类和接口的命名

2. 类的属性

在类的矩形框的属性区域内,UML 用以下语法来描述类的每个属性:

可见性/属性名:属性的类型[多重性] = 默认值{特性描述和限制条件}

> *visibility / name : type [multiplicity] = default {property strings and constraints}*

上述语法都采用了斜体字,说明表示属性的语法的每一个部分都是可以省略的。图 6-5 给出了 Order 类的类图,这里只列出了 Order 类的名称和属性,而忽略了 Order 类的方法。

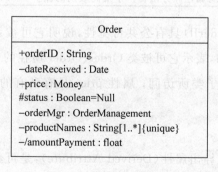

图 6-5　Order 类的属性

为了方便将类图和代码对照,下面给出图 6-5 所对应的一段 Java 代码。

```
public class Order{
    String orderID;
    private Date dateReceived;
    private Money price;
    protected Boolean status = null;
    private OrderManagement orderMgr;
    private HashSet<String>productNames = new HashSet<String>();
}
```

下面结合 Order 类,对表达类的属性的语法做出说明。

1) 可见性

可见性(Visibility)指根据可见性规则(Visibility Rule),一个方法或属性是否能被另一个方法访问。例如,经 public 修饰的类、方法或属性可以被任何其他的方法或属性访问。可见性规则是为了使类在使用时更安全,尤其是对属性的访问控制的定义更体现了封装的概念。表 6-1 按照被系统其他部分可访问的范围,由高到低地对可见性的修饰词、描述及对应的 Java 访问控制符给出了说明。

表 6-1 可见性的修饰词、描述及对应的 Java 访问控制符

UML 符号	描述	Java 访问控制符
+	表示具有公共可见性,可以被所有的类访问和使用	public
#	表示受保护的可见性,经它修饰的属性和方法可以被同一个包中的其他类、不同包中该类的子类以及该类自身访问和引用	protected
~	表示包级可见性,只能被同一个包中的其他类访问或引用,不在同一个包中的类不能访问它	default
−	表示私有可见性,经它修饰的属性和方法只能被该类自身所访问,它对属性和方法提供了最高级别的保护	private

如图 6-5 中,属性 orderID 具有公共可见性,说明它可被系统中所有的类访问和使用;status 用"#"修饰,表示它可被类 Order、Order 所在的包中的其他类及可能在其他包中的 Order 类的子类所访问;属性 price 具有私有的可见性,说明它只能被 Order 类自身所访问。

2) /

"/"表示当前属性是导出属性(Derived Attribute),是可经类的其他属性计算得出的。在属性前加"/"可以提醒实施者,当前这个属性可能并不是必需的。UML 规范指出,导出属性是只读的(ReadOnly),用户不能更改它的值。图 6-6 给出了导出属性的例子。

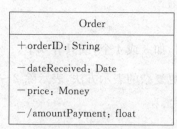

图 6-6 导出属性

其中，导出属性 amountPayment 是 float 类型的私有属性，它记录了订单中产品的总计应付款额，它来自于订单中预订的所有产品的单价与数量的乘积的总额，这个属性完全可以通过计算得出，是个衍生值，故被设计成导出属性，用"/"表示。

3) 属性名

如图 6-5 中的属性 price、orderMgr 等都是属性名（Attribute Name）。属性的命名也有一些原则，应该用首字母小写的名词为属性命名，如果属性名中包括多个单词，除了第一个单词外，应该把其余单词的第一个字母大写。

4) 属性的类型

用冒号分隔属性名和属性的类型。例如 orderID：String 和 amountPayment：float。

5) 多重性

多重性（Multiplicity）指明该属性类型有多少个实例被当前属性引用。表示方法为：

多重性::= [低 … 高]

multiplicity::= [lower … upper]

不指明多重性，则表示多重性是 1。多重性也可能是一个简单的整数，或者是用".."分开的一个值的范围。用"*"表示多重性的上限，说明上限是无限的，如果仅放置一个"*"表示多重性，则说明多重性为 0 或多。下面是多重性的表示方法和含义的例子。

(1) 1：只有一个。

(2) 0..1：0 或 1 个。

(3) 0..* 或 *：任意多个。

(4) 1..*：1 或多个。

(5) 3..4 或 6：确切数目，如 3 或 4 个，或只有 6 个。

(6) 0..1, 3..4, 6..*：更复杂的表示方法，表示除 2~5 外的任何多个数目。

6) 默认值

可能注意到有的时候需要在程序中为某个特殊属性设置默认值(Default)，例如属性 status 的默认值为 Null，一个新银行账户的余额的默认值应该为零等。

7) 属性字符

属性字符(Property String)用于说明属性具有的其他性质，经常用特殊的文本指明，例如，具有 readOnly 属性说明当前属性是只读的，用 readOnly 修饰的属性在 Java 中将被声明为 final。如果一个属性多重性大于 1，那么它可能具有 ordered 属性，表明当前属性中的元素应该被顺序存储，或者具有唯一(Unique)属性，说明当前属性中的元素都应该是唯一的，不允许有重复值，图 6-5 中属性 productNames 就属于这种情况。所以，在 Java 程序中，productNames 被定义为 private HashSet <String> productNames = new HashSet <String>()；以保证 productNames 的唯一性条件。

8) 约束

约束(Contraint)表示对属性的约束和限制，通常是用"{ }"括起的布尔类型的表达式。更多时候，可能更愿意在注释(Note)中说明属性的约束，然后用虚线将其与它说明的属性连接起来，如图 6-5 中的注释。

3. 类的方法

类的方法(Method)说明了类能够做什么。在类的矩形框的方法区域内，UML 用以下语法来描述类的每个方法：

可见性/方法的名字(参数列表)：方法的返回值类型 {特性}

Visibility/ name (parameter list) : return-type {properties}

在画类图的时候没有必要将全部的属性和方法都画出来。实际上，在大部分情况下也不可能在一个图中将类的属性和方法都画出来,只将感兴趣的属性和方法画出来就可以了。图 6-7 给出了类 OrderManagement 及其方法。

OrderManagement
+getOrder(orderID:String)
+addItems(item:Product):void
+minusItems(items:Product[0..*] = 0 {unique}):void{post condition:total items>=0}
+calculateTotalCost():float{precondition:cart.items.count>0}
+shipItems(destination:Address):boolean{precondition:payment has been verified}

图 6-7 类 OrderManagement 的方法

下面以类 OrderManagement 为例,说明类的方法的语法及其应用。

1) 可见性

方法的可见性可分别用 +、#、~、- 表示 public、protected、package、private 4 个不同的级别,其含义在表 6-1 中给出了表述。

2) 方法名

类的方法名应该用首字母小写的动词,如果方法名中包括多个单词,除了第一个单词外,应该把其余单词的首字母大写。

3) 参数列表

指明方法的参数列表,如果该方法没有参数,则参数列表可以省略,但空括号还要保留。参数列表的格式为:

方向 参数名:类型[多重性] = 默认值{特性}

direction parameter_name : type [multiplicity] = default { properties }

参数列表的方向(Direction)可能是 in、inout、out 或者 return。如果该关键字不存在,方向为 in。in 表示参数将被调用该方法的调用者传入;inout 表示参数将被调用者传入,经当前方法修改并传回给调用者;out 表示参数不会被调用者设定,但是将被当前方法修改并传回;return 表示参数的值将被作为返回值传回给调用者。

参数名的命名方式与属性的命名一致。

type 为参数的类型;multiplicity 表示多重性;default 是参数的默认值。properties 指与参数相关的特性,将在特性部分给出解释。在方法名及其参数列表与方法返回值类型之间用冒号分隔,各参数间用逗号分隔。

4) 方法的返回值

如果方法没有返回值,那么 return-type 为空。

5) 特性

特性(properties)用于说明方法具有的其他性质,代表附加在元素上的任何可能值。常用的特性包括 precondition、postcondition、query、exception、bodyCondition 等。precondition 指明一个方法被调用前系统必须处于的状态;postcondition 指明一个方法被调用后系统处于的状态;query 说明方法将不对类的属性做修改,当前方法仅是一个查询方法;exception 指明方法可能引起的异常;bodyCondition 对方法的返回值作约束。在图 6-7 中,方法 calculateTotalCost( ) 包括一个 precondition 性质:cart.items.count>0,它说明 calculateTotalCost()方法在执行之前必须计算产品总数量,只有总数量大于 0 才可以计算总值。在方法 shipItems(destination:Address)中包括一个前置条件 payment has been verified,它指明为产品添加运输信息时必须先验证付费已经完成。

参照上面给出的语法说明,对 OrderManagement 类做出详细解释。OrderManagement 类的名字是 OrderManagement,它是一个包含 5 个方法的类,这 5 个方法都具有公共可见性。方法 getOrder(orderID:String)的名字是 getOrder,它拥有一个 String 类型的参数 orderID;方法 addItems 拥有一个 Product 类型的参数 item,该方法的返回值为空,即 void;方法 minusItems 也只包含一个参数 item,是一个 Product 类的数组,向该参数传递的值应为互不相同的 0 到多个一系列的数值,minusItems 的返回值为空,该方法执行完成之后应有对 total items 的检验,以保证该方法执行完成之后 total items 的值大于等于 0,否则将有相应的机制来处理 total items 小于 0 的情况,如抛出一个异常;在执行 calculateTotalCost 方法的时候首先应对 cart.items.count 进行判断,只有当它的值大于 0 的时候才执行 calculateTotalCost 方法,这种判断可以使用 Java 语言中的 if 语句,该方法没有参数,其返回值类型为 float,该方法的情况与方法 calculateTotalCost 类似,也是首先进行判断,即当 payment 被验证之后才执行 shipItems 方法,该方法具有一个 Address 类型的参数 destination,如果该方法成功执行,则返回 true,否则返回 false。

4. 类的静态属性和静态方法的表述方法

静态的属性和方法被称为静态类成员。在类图中,用下划线标明该属性或方法是静态成员。在 Order 类中,为了设定所有订单开具发票情况的标志,为 Order 类定义了几个静态属性和方法,如图 6-8 所示。

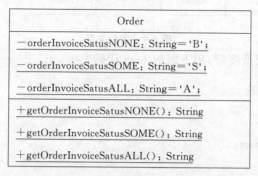

图 6-8 包含静态属性和方法的类 Order

在 Java 语言中,用关键字 static 说明类成员是静态成员。它在类加载时完成初始化,并且保持到该类被清除为止,在此期间,类及其实例共享这同一份数据,同时静态方法也在类加载时被执行。例如,静态属性 orderInvoiceSatusNONE,用 Java 语言可以定义成下面的形式:private static String orderInvoiceSatusNONE='B';静态方法 getOrderInvoiceSatusNONE 可以定义为:

```
public static String getOrderInvoiceSatusNONE(){
  return orderInvoiceSatusNONE;
}
```

6.3.2 类的关系

至此,对于表达一个类及类的方法和属性,应该没有问题了。但是还需要表达这些类的关系(Relationship),因为类是通过各种关系彼此相互联系的。类的关系有下面 4 种:

1. 关联

关联(Association)表示一个对象拥有另一个对象。关联指两个类之间的 has a 的关系。关联描述了有着共同的结构和语义的一组对象之间的连接。

图 6-9 是一个关联的简单例子,它表示 Order 拥有 Product,而 Product 也拥有 Order。

注意,具有关联关系的类互为成员变量,也就是说,为了表示 Order 和 Product 之间的关联关系,要在 Order 类中定义一个 Product 类的成员变量,在 Product 类中定

图 6-9 类的关联

义一个 Order 类的成员变量,用下面的 Java 代码表示。

```
public class Order{
Product p;
}
public class Product{
Order o;
}
```

为了能够表现现实世界对象间的关联关系,关联需要更多的属性,下面来详细讨论关联的属性。图 6-10 展示了 Person 和 Company 两个类之间的带有属性的关联关系。

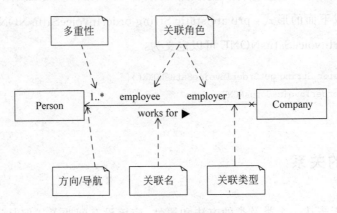

图 6-10 关联的属性

关联具有下面的属性。

1) 关联的方向/导航

关联的方向属性表示可以通过关联关系从关联类导向到目标类上。可以用实线来表示关联关系。如果表达从一个类到另一个类的方向,可用带箭头的实线表示关联的方向,阅读者将沿着这个箭头来阅读关联。

如图 6-10 所示,公司拥有雇员,则公司和雇员关联关系用一条带箭头的线相连,且箭头指向目标端。反过来,如果关联的一方与另一方没有关系,则在实线的尾部画一个叉。如果这种关联的方向是双向的,那就不需要任何箭头,直接用直线将相互关联的类相连就可以了。

图 6-10 的关联关系表示公司拥有雇员,这是一种单向关联,在用代码实现如图 6-10 所示的关联关系的时候,Person 被设计为 Company 类的一个成员变量。

```
public class Person{
}
public class Company {
    Person person;
}
```

2) 关联名

为了方便人们的阅读,关联通常有一个名称,这个名称应该选用一个动词词组。关联关系通常是在分析过程中命名的,此时还没有足够的信息对角色进行适当的命名。如果使用关联关系名称,关联关系名称就应该反映该关系的目的,关联关系名称应放置在关联关系路径上或其附近,并且用一个实心箭头表示关联名称的发生方向,在图 6-10 中,Person 类和 Company 类的关联名为 works for,名称是有方向的,它的方向用实心的箭头表示。关联名称是不出现在编码中的,它不能被映射为代码。

3) 关联角色

关联关系的两端为角色,角色规定了类在关联关系中所起的作用。

每个角色都必须有名称,而且对应一个类中所有角色的名称都必须是唯一的。角色名称应该是一个名词,以描述在特定的环境中关联的行为或职责。关联角色是对一个关联的特殊说明,关联角色的命名应能够表达被关联关系对象的角色与关联关系对象之间的关系,也就是说,关联的命名应根据类在关联关系中为与它相关联的类做了什么,而不是根据这个类本身是什么。

如图 6-10 中,Company 的合适角色名称可以是 employer,Person 的角色应该是 employee,避免使用"有"和"包含"之类的名称,因为它们不能提供有关类间关系的信息。

值得注意的是,关联关系名称和角色名称的使用是互斥的:不能同时使用关联关系名称和角色名称。角色名称通常比关联关系名称更可取。在分析阶段,因为没有足够的信息来正确命名角色,可以选用关联名称,但在设计阶段中应始终使用角色名称。如果没有好的角色名称,可能意味着模型不完善或构建不合理。

角色名称被放置在紧邻关联关系线的末端。

4) 多重性

多重性表示一个类同时拥有的实例的数目,它描述的是一个类的多少对象与另一个类的一个对象相关,可用一个单一的数字或一个数字序列表示。多重性应放在被拥有的类的附近。

图 6-10 表示公司可以拥有多名雇员,而一名雇员只能在一个公司工作。下面的 Java 代码可以演示这种多重性。

```
class company {
    Arraylist[Person]employees;
}
class Person{
    Company employer;
}
```

5) 关联的类型

前面讨论的关联指两个类之间的 has a 的关系,其实现实世界中这种 has a 关系却是可以进一步再分的。

例如一辆汽车,它有车轮和车篷,但是车轮和车篷对于汽车来说并不是同等重要的。一辆汽车可以没有车篷,但是却不能没有车轮。可见,关联所表示的 has a 关系是有强弱的,根据这种强弱,可以将关联关系进一步细分为:一般关联、聚合和组合。

一个人为一个公司工作,这种关系可以将其表示为一般的关联关系,如图 6-10 所示。

聚合(Aggregation)是一种强类型的关联,它表示 is the part of 或者 owns a 的关系,是一个装配件类与某个部件类相关联的一种关系。带有多种部件的装配件应包含多个聚合。

关联与聚合有什么区别呢?实际上,关联与聚合之间的区别是比较模糊的,关联是否应该建模成聚合并不是显而易见的,何时使用聚合需要判断,没有统一的规定。通常,建模需要经验的判断,没有一成不变的规则。

我们的经验是,只要经过了仔细的判断,并在建模过程中保持一致的意见,那么聚合和普通关联之间的区分实际上并不会产生问题。

正是因为关联与聚合之间这种模糊的区别,UML 决定包含聚合和一种被称为组合的更强类型的聚合。这样,UML 就包含两种类型的部分-整体关系:两个对象按照部分-整体关系绑定的普通形式称为聚合,有更多限制的形式称为组合。

组合(Composition)是某种更强形式的聚合。组合意味着整体与组成部件之间是互不可分的关系,作为整体的类会因为拥有某个作为部分的类而存在,否则整体也会消失。

以 PPS 项目中的产品——摩托车为例。一辆摩托车包含的零件包括机油泵(Oil Pump)、发动机(Engine)和无线电(Radio)等,其中,对于摩托车来说,机油泵和发动机是必不可少的,它们与摩托车的关系被建模为组合,而无线电则被建模为聚合。

用实心的菱形表示组合,用空心的菱形表示聚合。相应的类图如图 6-11 所示。

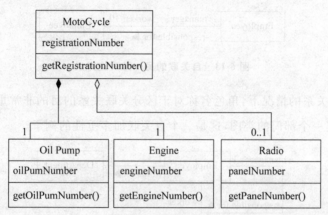

图 6-11 组合和聚合

也许你现在正想为上面所示的摩托车与其部件的类图编写程序,有一点请注意:被设计成聚合关系的装配件类中应该包含部件类的成员变量,在编程的时候,最好在创建这个成员变量的时候就为其赋初值,以防止其值为空。被设计成组合关系的装配件类中也应该包含部件类的成员变量,在编程的时候,应强制创建这个成员变量的时候为其赋初值,以防止其值更改。虽然这样的做法可能引起今后更改不易,但也应提醒程序员注意这点。

在关联关系中,还有几个方面值得注意。

(1) 自关联。

自关联(Self-association)指一个类与其自身存在一种关联关系。能不能将其理解为该类的某个实例与其自身存在关联关系呢? 其实,更多的情况下,自关联关系意味着该类的某个实例与该类的其他实例之间存在关联关系。

举个例子说明这个问题,如图 6-12 所示。

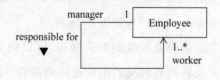

图 6-12 自关联

在此示例中，一名雇员与其他多名雇员存在关联关系，从图 6-12 中可以看出，这名雇员的角色是经理，负责管理多名角色为工人的雇员。由于雇员知道他们的经理，而经理也知道他的属下，所以该关联关系能够双向导航。

图 6-12 的示例与如图 6-13 所示示例所表达的意思是一样的。

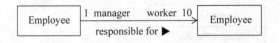

图 6-13 自关联的另一种表达方法

在自关联关系的情况下，角色名称对于区分关联关系的目的非常重要。

图 6-14 是一个部门的类图，这是一个自关联加多重性的例子。

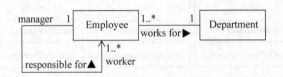

图 6-14 自关联与多重性

它表示一个部门有一到多个雇员，其中一名是该部门的经理。经理负责领导其他多名雇员。一个雇员只能为一个部门工作。

（2）关联类。

考虑下面的情况，如图 6-15 所示。

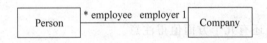

图 6-15 Person 与 Company 的关联

假设公司做了下面的规定：在一段时期内，你只能为一家公司工作，我们需要为受雇于每个公司的雇员保存他的受雇时间。那么，雇佣合同中关于雇员受雇时间的属性应该属于 Company 类还是 Person 类？

解决方案是创建一个雇佣类 Employment，将受雇时间的信息保存在该类中，这样的类称为关联类（Association Class），如图 6-16 所示。

要将拥有属性或行为的关联关系组织为关联类，可以向关联类中添加属性、方法和其他关联的特点。通常关联类最常见的用途是协调多到一或多到多关系。

除了受雇时间外，还有一些信息，如薪水、工作类型、参加工作时间等，将这些信息存放在关联类中，要比将这些信息安插在 Company 或 Person 类中处理都要好。

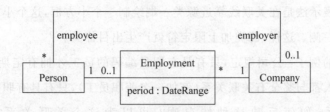

图 6-16　关联类 Employment

但上面的类图看起来会给人一种假象：看起来好像是 Person 类与 Employment 类关联，Employment 类又与 Company 类关联。

如何识别关联类呢？UML 用一条从关联关系路径到类符号的虚线表示，其中类符号包含此关联关系的属性、方法和关联关系，如图 6-17 所示。

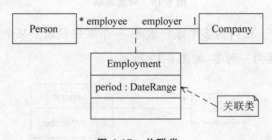

图 6-17　关联类

Person 类与 Company 类都通过关联类 Employment 彼此相互关联。属性 period 被保存在 Employment 类中。

原则上，关联关系和关联类的名称应该是一致的，但是在必要的情况下，也可以使用不同的名称。一个退化的关联类只包含此关联关系的属性，在这种情况下，可以忽略关联类名称，以弱化其独立性。

在根据上面的类图创建 Java 类的时候，Person 类中将包含一个 Employment 类的成员变量，Company 类中也将包含一个 Employment 类的成员变量，但 Person 类中将不再包含 Company 类的成员变量，同样，Company 类也不再包含 Person 类的成员变量。

(3) 限定关联。

考虑一种情况：假设两个类之间存在关联关系，但其中一个类与另一个类的一部分实例存在关联关系，而与这个类的另一部分实例不存在关联关系，这就涉及两个类发生关联关系的资格问题，称为限定关联(Qualified Association)。在类图中，用限定符(Qualifier)表示限定关联，它用来选择关联联系起来的对象。

限定符的表示法是在关联线靠近源类一端绘制一个小方框,这个小方框可以放置在源类的任何一侧。这样,源类加上限定符就产生出目标类。

考虑下面的例子:公司规定,只有具有职员编码的员工才拥有定期奖金的奖励,并不是所有的人都与奖金有关联关系(例如一名兼职员工),只有具有职员编码的人才与奖金有关系,如何反映这种情况呢?可以为这个关联关系添加限定符 employeeNumber,表示奖金与员工的关系是通过职员编码实现的,如图 6-18 所示。

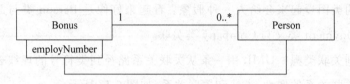

图 6-18　限定关联

再来看一个例子:银行为多个账户服务,一个账户只属于某个银行。银行和账户的关联关系的多重性为一对多,如图 6-19 所示。

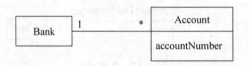

图 6-19　Bank 类和 Account 类的关联

但是,如果在 Bank 类中添加 accountNumber 属性,应用"银行+账号"的组合,那么至多会产生一个账户。也就是说,限定符对目标对象进行了选择,将有效的多重性从"多"降为"一"。

这个限定关联例子的类图如图 6-20 所示。

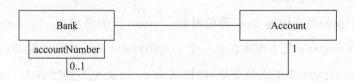

图 6-20　Bank 类和 Account 类的限定关联

在设计的时候,可以将 Account 类的其他属性忽略,但 accountNumber 属性却不可忽略。

(4) 关联上的异或约束:xor。

具有一个公共类的二元关联之间可能存在异或约束,把这种结构称为 xor 关联,如图 6-21 所示。

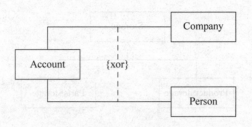

图 6-21 xor 关联

UML 把 xor 关联表示成连接两个或者多个关联的虚线,虚线上标有约束串 {xor}。xor 关联表明:对于公共类的任何单一实例,一次仅可实例化多个潜在关联中的一个关联,即某时刻只有一个关联实例。图 6-21 的例子表明,关联类 Account 中或者有一个 Company 类的成员变量,或者有一个 Person 类的成员变量,但不可能同时拥有 Company 类和 Person 类的成员变量,或者没有任何 Company 类或 Person 类的成员变量。也就是说,Company 和 Person 不能同时被 Account 拥有。xor 关联也可以通过泛化的方式来表达,如图 6-22 所示就是 xor 关联的另一种表达方式:泛化。

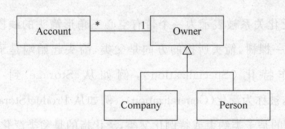

图 6-22 用泛化表示 xor 关联

2. 泛化

在实际生活中,有许多事物都具有共同的特征。其实,泛化(Generalization)是人类推理中最基本的概念:从众多的个性化个体中发现它们的共同点。泛化是指父类与其一个或多个子类之间的关系。父类拥有公共属性、方法和关联,子类除了具有父类的属性、方法和关联之外,还具有自己的特征。每个子类继承(Inherit)其父类的特征。类之间存在相似性和差异性,应用泛化,子类共享定义在一个或多个父类(Parent Class)里的结构或行为。

泛化有时被称作 is a kind of 关系,来看一个例子,如图 6-23 所示。

例子中展示的就是一个泛化层次关系。ProductStorage 和 PartsStorage 都是 Storage 类中的一种类型,在这组类中,因为它们都有一组相同的属性和方法,所以把

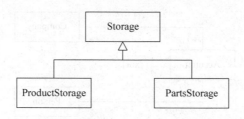

图 6-23 类的泛化

这组属性和方法定义在一个超类中,并把它们之间的关系定义为泛化。父类是一般的元素,子类则是更特殊的元素。在 Java 中,用 extends 关键字来直接表示这种关系,如:

```
public abstract class Storage{
}
public class ProductStorage extends Storage {
}
public class PartsStorage extends Storage {
}
```

在 UML 中,泛化关系被表示为一个带有空心三角形箭头的线段。人们通常喜欢把泛化关系组织成一棵树,箭头所指的方向是父类,箭头起始端是子类。从父类到子类的方向被称作特化(Specialization),例如从 Storage 到 ProductStorage 和 PartsStorage;反之,被称为泛化(Generalization),例如从 ProductStorage 和 PartsStorage 到 Storage。特化指的是子类约束或特例化父类,泛化指的是父类泛化子类。

3. 实现

在对软件系统进行逻辑设计的时候,有时软件的设计者只关心某个类或某个部件所提供的服务的规格说明,例如它们应提供哪些方法、方法的调用规则和格式是怎样的,而不关心这些服务是如何实现的。对类的服务进行这样的说明以后,可以使设计者把思路集中在类或部件所提供的服务上,而不必拘泥于它的实现,该类或部件的实现留待设计的稍后时刻再考虑。

在 UML 里,有一个专门的建模元素可以用于对类或部件所提供的服务进行描述,这就是接口(Interface)。UML 接口描述的是一系列的方法,这些方法为一个类或部件规定了其必须提供的服务。

接口被建模为实现(Realization)关系。实现关系将一种模型元素(例如类)与另一种模型元素(例如接口)连接起来,由实现关系指定二者之间的一个合同

(Contract)，一个模型元素定义一个合同，而另一个模型元素保证履行该合同。也就是说，关系中的一个模型元素只具有行为的定义，而行为的具体实现规则是由另一个模型元素来给出的。

先来看下面的例子，如图6-24所示。

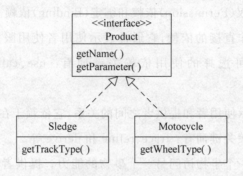

图 6-24 类的实现关系

UML 应用虚线加上空心的箭头来表示实现关系。关系中的箭头由实现接口的类指向被实现的接口。接口只是行为的定义而不是结构或实现，接口中的属性都是常量，方法都是抽象方法，没有方法体，因而接口只有与外界接触时输入、输出格式的定义。接口只是一个口，它的里面是空的。在 Java 中，实现关系可直接用 implements 关键字来表示。

UML 2.0 将接口简化为图 6-25 表示的接口形式，称其为 lollipop，它是一个供接口，是类提供的对外接口，它表示类能够提供的服务，然后可以在类图的某个地方定义 lollipop 表示的接口。

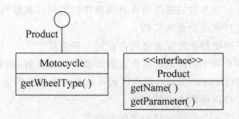

图 6-25 用 lollipop 表示的接口

4. 依赖

1）依赖和依赖的类型

依赖（Dependency）是两个事物间的语义关系，其中一个事物（称为服务的提供者)发生变化,会影响到另一个事物(称为客户或服务的使用者),或向它(客户)提供所需信息。在类与类之间应用依赖关系指明一个类使用另一个类的方法或一个类使用其他类所定义的属性和方法。

在 UML 中定义了 4 类基本依赖类型,分别是:使用(Usage)依赖、抽象(Abstraction)依赖、授权(Permission)依赖和绑定(Binding)依赖。

使用依赖是一种非直接的依赖,它通常表示使用者使用服务提供者所提供的服务,实现它的行为。可选择的使用依赖关键词有:use、call、send、parameter 和 instantiate 等。

抽象依赖建模表示使用者和提供者之间的关系,它依赖于在不同抽象层次上的事物。可选择的抽象依赖关键词有:trace、refine 和 derive 等。

授权依赖表达了一个事物访问另一个事物的能力。提供者可以规定使用者的权限,这是提供者控制和限制对其内容访问的方法。可选择的授权依赖关键词有:access、import 和 friend 等。

绑定依赖,用于绑定模板以创建新的模型元素,可选择的绑定依赖关键词主要为 bind。

表 6-2 给出了 UML 基本模型中的一些依赖关系、关键词和它们的含义。

表 6-2 主要的依赖关系

依赖名称	关键词	含　义
使用	use	客户需要用到使用者才能正确实现功能(包括调用、实例化、参数、发送)
调用	call	一个客户的方法调用提供者的方法
发送	send	信号发送者和信号接收者之间的关系
参数	parameter	含有该参数的操作或含有该操作的类到该参数的类之间的关系
实例化	instantiate	客户是使用者的实例
跟踪	trace	不同模型中的元素之间存在的一些连接
精化	refine	具有两个不同语义层次上的元素之间的映射,例如,客户可能是一个设计类(Design Class),而提供者可能是一个相应的分析类(Analysis Class)
衍生	derive	客户从使用者中被衍生
访问	access	允许一个包访问另一个包的内容
导入	import	允许一个包访问另一个包的内容并为被访问包的组成部分增加别名
友元	friend	允许一个元素访问另一个元素,不管被访问的元素是否具有可见性
绑定	bind	为模板参数指定值,以生成一个新的模型元素
创建	create	客户创建了提供者的实例
允许	permit	提供者允许客户使用它的私有特性
实现	realize	说明和对这个说明的具体实现之间的映射关系

2) 依赖的表示方法

在图形上,把一个依赖关系画成一条有方向的虚线,箭尾处的模型元素(客户)依赖于箭头处的模型元素。箭头上可带有表示依赖关系类型的关键字,还可以有名字,如图 6-26 所示。

图 6-26 依赖的表示方法

3) 依赖与关联

依赖是一种使用关系,它表示了一个事物说明的变化可能影响到使用它的另一个事物,但反之未必。也就是说,服务的使用者以某种方式依赖于服务的提供者。而关联是一种结构关系,它详述了一个事物的对象与另一个事物的对象相互联系。

依赖与关联最关键的区别在于,存在依赖关系的两个类 A 和 B,类 B 不是类 A 的成员变量,如图 6-27 所示。

图 6-27 类 A 和类 B 是依赖关系

而存在关联关系的两个类 A 和 B,则类 A 中肯定有一个类 B 类型的成员变量,如图 6-28 所示。

图 6-28 类 A 和类 B 是关联关系

6.4 总　　结

前面已经提到建立类模型是整个软件分析和开发中最为重要的一个环节。本章层层深入、系统地阐述了 UML 类图建模方法的三个基本建模元素(类、关系和约束)的图示和语法。

在实际软件开发项目中,不需要在建立每个 UML 类图时都详细地描述类的所有属性、方法和关系。记住类图建模是问题的抽象,对类图描述的详细程度取决于所关注类的层次。例如，在建立域模型(Domain Model)时，关注的是实现需求的基本功能点是什么，以及组成这些基本功能点的基本单位是什么，所以，这时关心的是类的选择，而不是类的属性。如图 6-1 就是一个典型的域模型类图。但是，在建立软件的设计模型(Design Model)时，关注的是软件的质量(Quality)，需要设计每个类及类与类之间关系的细节，这时，图 6-1 就显得粗糙了，需要建立更为详细的类图来层层深入地描述每个类的内部结构(由类的属性和方法组成)以及类之间的关系。

第 7 章 状 态 图

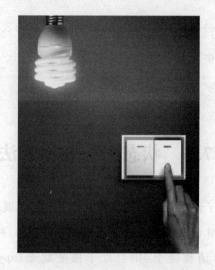

Image courtesy of Bplanet/FreeDigitalPhotos.net

7.1 基于状态的对象行为建模

在 PPS 项目中,创建生产计划单时,计划员将根据预计可用库存量来决定下一步的操作。如果库存量小于最低库存域值,系统生成采购预警,采购员创建零配件采购合同;否则,采购员将设定产品预计交货日期。这两个行为的选择都是由库存的状态决定的。再考虑 PPS 项目的订单,只有审核过的订单才能列入生产计划。订单具有两个状态:未审核和已审核。订单是否将列入生产计划将由其状态决定。对象既有行为又有状态,对象的行为由其状态决定,对象根据其状态的不同而产生不同的行为。为了描述对象在状态转变过程中将产生什么行为,需要捕获对象所有可能发生的状态。

仅依靠顺序图或通信图来建立对象的行为模型还不够,还需要全面地分析该对象所有可能的状态以及从一个状态过渡到另一个状态的条件。UML 的状态图(State Diagram)特别适合为那些行为由其状态决定的对象建模,它描述了一个对象可能处于的各种不同状态以及这些状态之间的转移。因此,UML 的状态图是有效的基于对象状态的行为建模工具。

7.2 状 态 图

状态图由状态(State)和迁移(Transition)组成。它的表达方式为:

状态图 = 状态 + 迁移

    State Diagram = State + Transition

7.3 状态图的表示方法

先用一个简单的例子说明状态图的关键元素。图 7-1 展示了为 PPS 系统创建用户申请的状态图。在申请的过程中,账户可能出现 4 种状态:悬而未决状态(pending);如果账户申请被接受,则会处于接受状态(approved);如果账户申请被拒绝,则会处于拒绝状态(rejected);但是,不论此次申请被拒绝或接受,账户的申请都将完成,处于完成状态(finalizing)。这 4 种状态最终通过它们之间的迁移连接起来。

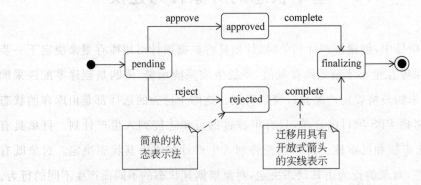

图 7-1 申请账户的状态图

7.3.1 状态

状态是对象在它的生命周期中的某一时刻,对象不仅在这一时刻具有某些特殊条件下产生的状况值,而且具有该状态决定的相应的动作或活动。UML 用圆角矩形来表示状态,其中包含可选的名称,如图 7-1 所示的状态有 pending、approved、rejected 和 finalizing。需要注意的是,在定义状态时,只关注与状态值相关的对象属性,基于状态建模的目标是将该属性所有可能发生的状态和状态之间转换的链接组合在一起,以便展现对象在该属性不同状态下的行为全貌。

1. 状态的种类

根据状态发生的时间或状态组成的复杂性,可简单地对状态进行分类。表 7-1 是状态图中常用的几种状态类型及它们的描述和表示符号。

表 7-1 状态图的状态类型

状态	说明	表示符号
简单状态(Simple State)	各种状态中最简单的状态,其特点是它没有子状态,只带有一组转换和可能的入口和出口动作	
复合状态(Composite State)	一个状态是由一组或多组子状态图组成时,这个状态称为复合状态。如果一个状态有一组子状态图,则在该状态图内包含另一个状态图;如果一组状态有多个子状态图,则用虚线将该状态图分开,在分开区域分别包含子状态图	一组 多组
初始状态(Initial State)	特殊状态,表明状态图状态的起点	
终止状态(Final State)	特殊状态,进入此状态表明完成了状态图中状态转换历程的所有活动	
结合状态(Junction State)	将两个转换连接成一次就可以完成的转换	
历史状态(History State)	保存组成状态中先前被激活的状态	H

图 7-2 和图 7-3 是两个复合状态的例子。图 7-2 表示 Checking 状态有一组子状态图,则在 Checking 状态图内包含另一个状态图;图 7-3 表示 Checking 状态有多个子状态图,则用虚线将 Checking 状态图分开。

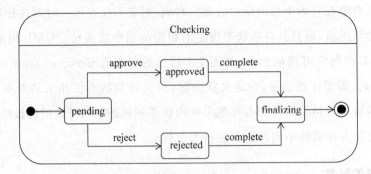

图 7-2 具有一个子状态的复合状态

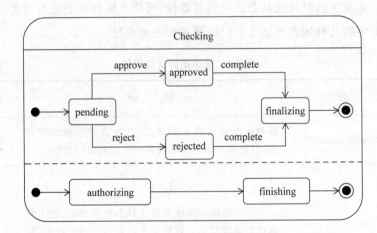

图 7-3 具有多个子状态的复合状态

2. 状态内部的活动

状态的内部活动(Internal Activity)表示在特定状态下对象可执行的功能。一个状态可以有若干相关活动,这些活动可以是由状态内部的事件触发的内部活动,也可能是由迁移的开始或结束自动触发的活动。无论是内部还是外部活动,只有当状态处于激活时活动才被触发。这些活动可以是操作、属性或者任何触发事件的参数,它可能是产生诸如发送信号或调用某个操作,包括给另一个对象发送消息、创建和销毁对象等。

应用标签表示状态的内部活动,一个活动可以采用下面的形式描述,并放置在表示状态的圆角矩形中。

标签/活动表达式

```
label / activity expression
```

UML 提供了三种标签来表示下列活动:开始进入状态时自动触发的活动、内部事件触发的活动和状态结束时自动触发的活动。分别用下面的标签表示。

(1) entry:当进入一个状态的时候被自动触发,该活动在状态中其他任何活动之前被自动触发。

(2) do:当状态处于激活时执行 do 活动,do 活动在进入活动之后执行,并且一直运行到它本身完成为止。

(3) exit:当离开一个状态的时候被自动触发,该活动在该状态结束之前、所有其他活动都完成后被触发。

图 7-4 给出了一个带有活动的状态的例子。

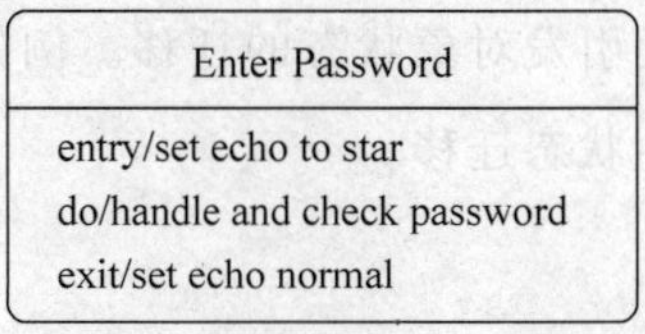

```
Enter Password
entry/set echo to star
do/handle and check password
exit/set echo normal
```

图 7-4 带有活动的状态图

7.3.2 迁移

迁移指从一个状态到另一个状态的瞬间变化过程。从源状态到目标状态一发生变化,就称发生了迁移。UML 用从源状态到目标状态的带开放式箭头的实线表示迁移,箭头指向目标状态,如图 7-1 中各状态间带箭头的线。

1. 引发迁移的事件

迁移的发生可能被来自对象内部或外部的各种事件所引发。如果某一事件的发生引起了对象状态的变化,即称对象的状态发生了迁移。这些可能引发迁移的事件可以进一步划分为:信号事件、变化事件、调用事件、时间事件等。

1) 信号事件

信号事件(Signal Event)指在实时(Real-time)系统运行中,对象接收到一个系统外界的信号,从而使对象的状态发生迁移的事件。例如,当打开灯时,把系统外界压力信号通过开关传入系统,同时系统状态发生由熄灯到亮灯的状态迁移。

2) 变化事件

变化事件(Change Event)指对象的内部或外部条件发生变化而引起的对象状态发生变化的事件。例如,对象在实行某个行为时,当某个条件是 true 时,则必须改变其自身或所关联对象的状态,这个布尔条件就是变化条件。

3) 时间事件

时间事件(Time Event)指对象的状态在绝对时间上或某个时间段内自动发生迁移。时间事件经常由系统外界设定的时间或系统内部设定的时间段产生,其时间表的运行可能来源于操作系统,或者是系统应用中的自身运算。例如,一个在校学生的有效学生身份状态可能由于学校管理系统的日期变化而自动变成非学生状态。

4) 调用事件

调用事件(Call Event)是指系统之外的其他系统通过接口和某种协议,直接执行该系统内部的对象行为,从而引发对象状态的迁移。例如,用办公室计算机远程遥控家里的各种电器,使电器发生状态迁移。

2. 迁移的文字标签

为了使迁移线有明确的意义,UML 提供了由三部分组成的文字标签来解释该迁移的发生事件。这三部分是:触发、警戒条件和行为。文字标签的语法可以表示为:

触发[警戒条件]/行为

> *trigger[guard] / behavior*

如图 7-5 所示为一个遵循这种语法描述的状态图。

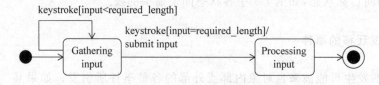

图 7-5 包含复杂迁移描述的状态图

下面给出标签上各个元素的解释。

1) trigger

trigger 表示触发,指明何种条件可以导致迁移发生。如图 7-5 中的 keystroke 就是一个触发。

2) guard

guard 表示警戒条件,指为了让警戒发生而必须为真的布尔表达式。当事件发生时,警戒条件就会触发。警戒条件只在事件发生的时候检查一次,条件为真时,迁移才触发。它表达的语义是,如"当……的时候(事件),如果……(条件),那么……(下一个状态)"。值得注意的是,警戒条件要么不写,如果写,则只有条件为真时才会被触发。如图 7-2 中的 input=required_length 表示的就是一个警戒条件。

注意警戒条件与变化事件的区别。警戒条件只是在引起转换的触发器事件触发时和事件接收者对事件进行处理时被赋值一次。如果它为假,那么转换将不会被触发,条件也不会被再赋值。而变化事件被多次赋值直到条件为真,这时转换也会被触发。

3) behavior

behavior 指为响应事件而执行的行为,迁移行为指当迁移发生时所执行的一个不可中断的活动(Activity)。如图 7-5 中的 submit input 表示的是一个行为。

7.4 案例分析

下面举一些例子说明状态图的应用。

经常用堆栈这一数据结构存储对象,图 7-6 展示了一个堆栈类的类图,称它为 Stack。

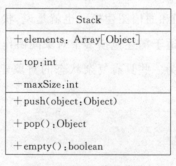

图 7-6 **Stack** 类的类图

Stack 类具有的性质包括:它当前只能检索到最后存储的对象(后进先出),这个过程称为出栈(Popped);可以说 Stack 类为空,表示 Stack 类还没有任何对象;它有一个最大值,表示它最多能存储的对象的个数;它有一个栈顶(Top),用于表示下一个将被添加的元素的位置。与它对应的状态图如图 7-7 所示。

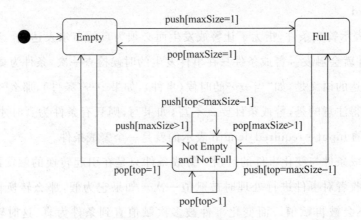

图 7-7　Stack 类对应的状态图

7.5　总　　结

现在应该对状态图的应用目的和描述方法有了了解，状态图最重要的两个元素是状态和迁移。如果需要更深入地研究一个对象或系统的状态时，无非是在这两个重要元素的基础上更深入地分解细化状态和迁移事件。

通常，状态图用于描述一个对象的多种状态在所有可能的迁移下的相互转换过程。状态图是把对象的某个属性的状态从复杂的对象行为中分离出来进行独立的考察。状态图虽然精确地描述了对象在不同状态下的复杂行为，但是它仅仅是描述一个对象的多种状态，这使得在理解对象的所有行为时造成局限性，所以，要确定对象的整体行为必须同时结合顺序图和通信图建模。也就是说，状态图更适用于描述一个横跨多个用例对象的行为，而不适于描述包括多个对象间协作的行为。不要试图为系统中的每个对象绘制状态图，只为一些具有复杂状态的对象建立状态图就足够了，它将有助于理解什么正在进行着。

第8章 活动图

Image courtesy of Stefan Scheer/Wikipedia, the free encyclopedia

8.1 基于活动的系统行为建模

考虑 PPS 项目中手工创建订单的活动过程。首先,业务员选择订单所属的客户和客户需要的产品;然后,系统列出该产品的所有可选的配置信息;接着,业务员根据客户需求配置产品并填写客户对产品的相应需求数量,填写产品的运输信息;最后,系统检查这些信息,如果信息的填写和选择一致,系统允许业务员提交订单,否则系统给出提示,不允许业务员提交订单。这就是一个完整的手工创建订单活动过程。这个活动过程包括多个事务的并行发生、条件分支、校验和循环操作等。这个活动过程反映的是系统行为。如何规范地描述这个活动过程?UML 活动图(Activity Diagram)是为活动过程建模的有效工具。活动图主要用于描述可以引发对象状态变化的条件和动作。

UML 活动图经常被用于描述复杂的企业流程、用例场景或为具体业务的逻辑建模。虽然活动图也可以为对象的某种具体行为建模,但是,在面向对象分析和设计中更倾向将复杂的操作分解为多个极为简单的操作,所以,活动图为其建模的意义并不重要了。

8.2 活 动 图

UML 活动图由 4 种元素组成:活动、动作、活动边和活动节点。它的表达方式为:

活动图 = 活动 + 动作 + 活动边 + 活动节点

Activity Diagram = Activity + Action + Activity Edge + Activity Node

8.3 活动图的表示方法

在活动中,不仅有组成活动的动作参与,而且还有许多其他元素的参与,这些元素包括活动边和活动节点等。活动图通过展现活动、动作、活动边和各种各样的活动节点实现对系统某种逻辑行为的建模。注意,活动并不是只有一系列动作,还有数据、状态和逻辑判断等参与元素。

8.3.1 活动和动作

活动(Activity)是由一个或多个动作(Action)组成的行为。动作是活动中的一个步骤,但是,动作并不是组成活动的最小单位,每个动作只是相对它的活动而言,如果把一个动作作为一个活动,那么,这个动作又可分为更多个组成这个活动的动作。

在 UML 活动图中,活动和动作都用同样一种图形来表示,即圆角矩形,圆角矩形内书写动作或活动的名字。图 8-1 显示了一个登录系统活动及其包括的动作。

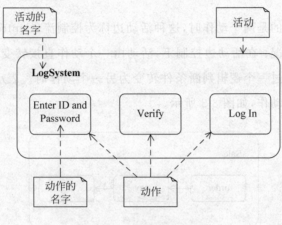

图 8-1　活动和动作

8.3.2　活动边

在活动图中,仅有动作是没有意义的,因为活动图需要表现动作与动作之间、动作与数据之间、数据与动作之间的关联和方向。UML 2.0 称这些出现在活动中的信息之间的关联为活动边(Activity Edge),如图 8-2 所示。

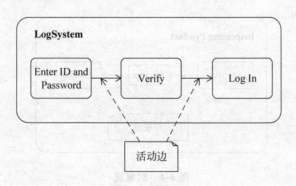

图 8-2　活动边

UML 2.0 的活动边为一条带有开放式箭头的实线,其箭头指向下一个动作或下一个节点。活动边所连的点(动作或节点)不同,所形成的信息流也不同。在活动图中,由活动边关联起来的信息流程可分为两大类:控制流和对象流。这种对流程的分类方法在对一个包括大量动作和数据的复杂活动进行建模时,具有帮助区分流程的意义和性质的作用。

1. 控制流

当活动边连接的是两个动作时,这种活动边称为控制流(Control Flow)。控制流一般发生在两种情况:在活动边控制下,活动由一个动作直接转变为另一个动作时,或者由一个动作经过一个逻辑判断条件转变为另一个动作时。表示控制流的活动边的箭头指明下一个动作,如图 8-3 所示。

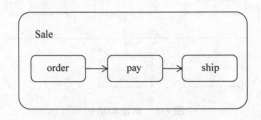

图 8-3 控制流

2. 对象流

当活动边连接动作与数值或活动与数值时,UML 2.0 称这类活动边为对象流(Object Flow),对象流用于描述活动中的数据输出输入。如图 8-4 所示,对象 product 表示的是一个数据包,它是动作 Inspect 的输出,是动作 Storing 的输入值。

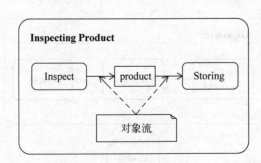

图 8-4 对象流

在对象流中,一般用对象的形式表示动作的输入和输出值,一个动作的输出表示为一个对象作为另一个动作的输入。

8.3.3 活动节点

在活动图中，流动的信息不仅只有动作，还有许多其他的流动信息，UML 2.0 把除了动作外的其他活动信息称为活动节点。这些活动节点主要分为三大类：参数节点、对象节点和控制节点。

1. 参数节点

UML 2.0 用参数节点(Parameter Node)来表示一个参数进入一个活动或者一个参数从一个活动中输出。参数节点用一个直角的长方形来表示。如图 8-5 所示，活动 Produce Plan 内有两个动作，它们分别是 Checking Storage 和 Planning。

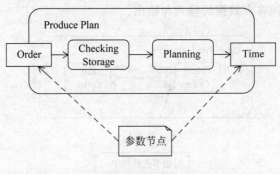

图 8-5 参数节点

参数节点是出现在活动框上的长方形，活动框上可以有一个或多个参数节点，它的一个边通常与活动框内的某个动作相连以表示它是这个动作的输入或输出数据，参数的输入来源于活动之外，参数的输出表示参数将输出到活动之外。

2. 对象节点

当 UML 活动图表达一个复杂的数据试图通过一个活动时，这个穿越活动的数据包被称为对象节点(Object Node)。对象节点用于表示活动中移动的数据。对象节点用矩形框表示，对象节点名可以加在矩形框内或外部，框内标明数据的名称，如图 8-6 所示，Order 为一个数据包，它是动作 Create Order 的输出数据，接下来是动作 Fill Order 的输入数据。

对象节点与参数节点的差别是，对象节点与动作相连，参数节点是在活动框上的

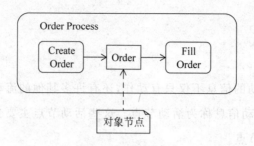

图 8-6 对象节点

数据。

另外，对象节点也可以不用对象来表示数据包的输入输出，而是用栓(Pin)来表示。图 8-7 与图 8-6 表示的是具有完全相同意思的两种不同对象节点。在图 8-7 中，对象消失了，取而代之的是出现在两个动作侧面的小矩形框，UML 2.0 将其称为栓，表示这两个动作之间将有数据的输入和输出。

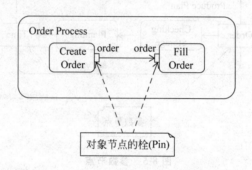

图 8-7 用 Pin 表示对象节点

图 8-6 与图 8-7 均表示活动 Create Order 产生了对象 order，而对象 order 将作为一个参数传递给活动 Fill Order。Create Order 可以是某个类的方法，在 Create Order 中可以包含下面的代码：Order o = new Order()。

在另一端，对象 o 可以作为 Fill Order 的参数传递给方法 fillOrder(它可能是另一个类的方法)，其代码应该是：fillOrder(o)。

当不知道动作输出的对象节点的去向，或者不知道动作输入的对象节点的来源时，UML 2.0 用一个小箭头标志在对象节点的栓的小方块中来表示该对象节点的输入栓(Input Pin)和输出栓(Output Pin)。例如，在图 8-8 中，动作 Create Order 分别标有输入栓和输出栓。

现在已经学习了几种对象节点的不同表示方法，图 8-9 是一个综合所有对象节点表现形式的图例。在图 8-9 中，注意，活动 Order Activity 包括两个动作：Create

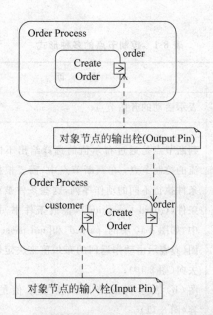

图 8-8　用小箭头表示对象节点栓的输入输出方向

Order 和 Fill Order。活动框上的 customer 是活动 Order Activity 的参数节点,对象节点输入栓 order ID 作为动作 Create Order 的一个输入数据,但是,这个数据并没有被标明来源,对象节点栓 order Form 表现出既是动作 Create Order 的输出对象节点,也是动作 Fill Order 的输入对象节点。

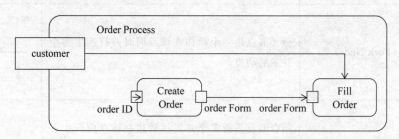

图 8-9　参数节点和对象节点的综合图示

3. 控制节点

控制节点(Control Node)是用于表示活动中的控制判断、同步运算、路径分叉、路径合并等特殊节点。控制节点主要包括起始节点(Initial Node)、判断节点(Decision Node)、汇合节点(Merge Node)、分叉节点(Fork Node)、结合节点(Join Node)以及终点节点(Final Node),如表 8-1 所示。

表 8-1 控制节点的多种形式

控 制 节 点	说　　　明	表 示 符 号
起始节点(Initial Node)	表示活动的开始节点	●
判断节点(Decision Node)	判断节点是通过布尔值的选择给出不同的输出流的控制节点,在判断节点中,需要根据不同的条件执行不同的动作序列,这些条件被称为警戒条件(Guard Condition),警戒条件书写在"[ ]"中,如图 8-10 中的[passed]和[not passed]。 图(a)表示由动作返回的布尔值来决定输出流的去向(图 8-10); 图(b)表示判断节点产生布尔值的条件内容(图 8-11)	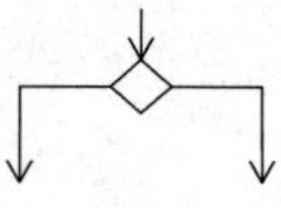 (a) 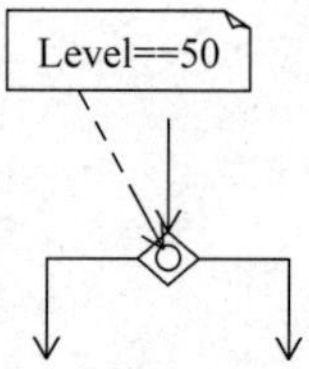 Level==50 (b)
汇合节点(Merge Node)	与决策节点相反,汇合节点具有多个输入边和一个输出边,它的两个输入边并不需要并行到达汇合节点,也就是说无论哪个边先到达汇合节点,都要进入唯一的输出边	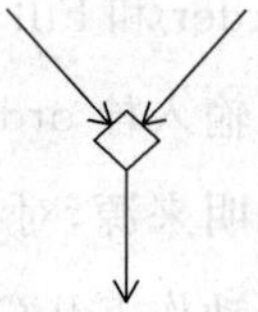
分叉节点(Fork Node)	分叉节点是一个动作在该点同时并行产生多个并发活动边	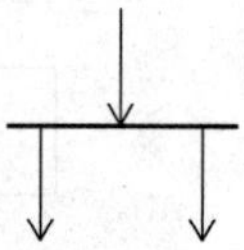
结合节点(Join Node)	结合节点是指多个并发活动边在该点应产生各自的返回值,当所有返回值均正确产生后,传递给该节点的唯一输出边	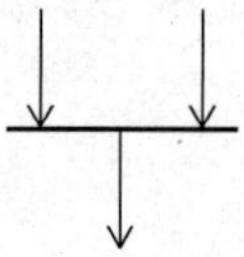
终点节点(Final Node)	有两种类型的终点节点:用于终止活动图的一个路径而不是整个活动的流终点节点,用圆形加×表示;用于结束整个活动的终点节点,用加圈的实心圆表示	⊗ ⦿

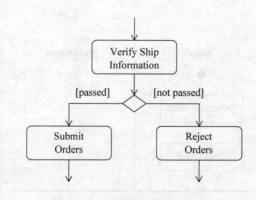

图 8-10　具有判断节点的活动图

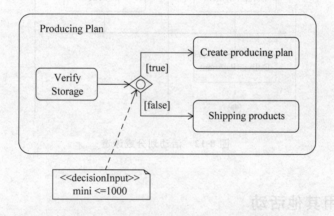

图 8-11　根据动作产生的数值来决定输出流去向的判断节点

8.3.4　活动划分或泳道

我们已经可以用各种活动图元素来描述一个活动过程,接下来就产生了一个问题:如何表示这个活动的归属?也就是说活动中的各种动作或元素是属于一个系统或对象,还是属于不同的系统或对象呢?为了表明活动图中各种元素的归属,UML用垂直线将不同归属的元素分开,将它称为活动划分(Activity Partition),由于这种划分的外观很像泳道,所以也称为活动图中的泳道(Swimming Line)。

活动划分将一个活动图中的活动元素分组,每一组的上方表明该组元素所属对象,这样很容易通过划分看到活动的参与者。图 8-12 用于表示一般销售流程中业务用例的活动过程。其中,Sales 和 Fulfillment 分别是活动的参与者,第一个泳道中的内容都是 Sales 对象的活动,而活动 Fill Order 则属于 Fulfillment 对象的活动。

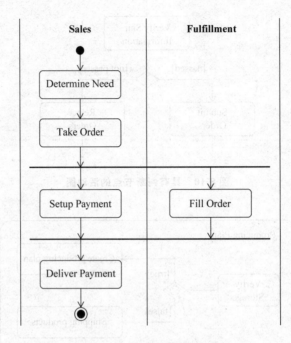

图 8-12 活动划分或泳道

8.3.5 调用其他活动

在顺序图中提到了 ref decomposition,它指明了在另一个更详细的顺序图中展示了当前交互的参与者如何处理它所接收到的消息的细节。为了增加可读性,活动图中用符号⋏表示当前动作在另一个活动图中被详细描述,如图 8-13 所示,加密的活动 Encrypt 将在其他活动图中描述。

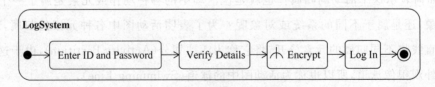

图 8-13 活动图中调用其他活动的符号

8.4 案例分析

活动图用于对活动过程和操作建模。当一个操作很复杂时,可以用活动图来表达这个操作。向一个操作添加一个活动图是最常见的,此时,活动图只是一个操作的动作的流程图,它更多地展示了关于操作算法的一些信息。图 8-14 给出了根据订单中预订产品的数量来计算产品价格的操作活动图。

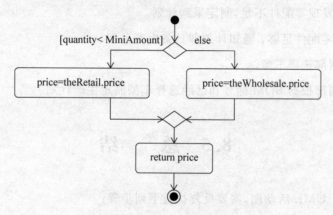

图 8-14 对一个操作建模

再来看一个为活动建模的例子,以 PPS 项目的关于生产计划制定过程的活动图。此时,活动图用于为企业业务活动建模(图 8-15),它的事件流描述如下:

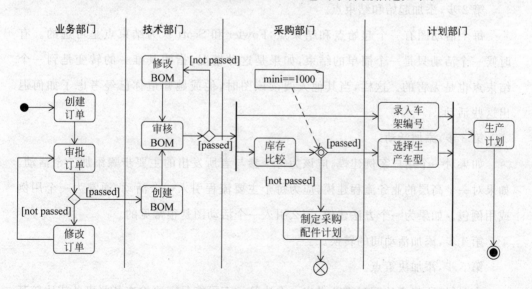

图 8-15 活动图表示了生产计划的产生过程

(1) 业务员创建订单。

(2) 有关领导审查订单。

(3) 如果有问题,则返回给业务员重新修改。

(4) 订单通过审查,进入技术部门。

(5) 技术部创建 BOM。

(6) 如果通过,BOM 表直接传给计划部,进行产品编号。

(7) 同时 BOM 表也传给采购部,进行零配件库存查询。

(8) 如果发现零配件不足,制定采购计划。

(9) 如果零配件足够,通知计划部具备生产车型。

(10) 计划部选择车型。

(11) 计划部根据 BOM 标号和已经选择车型制定生产计划。

8.5 总　　结

创建一个 UML 活动图,需要反复执行下列步骤:

第 1 步,定义活动图要对什么建模。

首先应该定义要对什么建模:单个用例;一个用例的一部分;一个包含多个用户用例的业务流程;一个类的单个方法。

第 2 步,添加起始和结束点。

每个活动图有一个起始点和结束点,Fowler 和 Scott 认为结束点是可选的。有时候一个活动只是一个简单的结束,如果是这种情况,指明其唯一的转变是到一个结束点也是无害的。这样,当其他人阅读该图时,他或她知道你已经考虑了如何退出这些活动。

第 3 步,添加活动。

如果对一个用户案例建模,应该为每个参与者所发出的主要步骤添加一个活动。如果对一个高层的业务流程建模,应为每个主要流程引入一个活动,通常为一个用例或用例包。如果为一个方法建模,那么引入一个活动图是很常见的。

第 4 步,添加活动间的转换。

第 5 步,添加决策点。

有时候,所建模的逻辑需要做出一个决策。有可能是需要检查某些事务或比较某些事务。可以选择使用控制节点。

第 6 步,找出可并行活动之处。

当两个活动间没有直接的联系,而且它们都必须在第三个活动开始前结束,那它们是可以并行运行的。并行活动可以按任意次序进行,但是它们都要在结束整个流程前完成。

最后,还要比较一下活动图和顺序图。

正如你所了解的,顺序图更关注某个方法属于哪些类。而应用活动图分析业务用例中的活动过程的时候,更关注的是这些活动之间的逻辑而不关注这些活动到底属于哪些类,因为活动图被用于表达一个方法的具体逻辑。

第 9 章 包 图

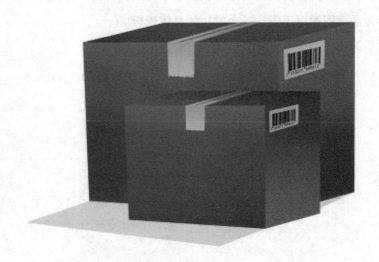

Image courtesy of Digitalart/FreeDigitalPhotos.net

9.1 基于包的系统静止状态下的结构建模

在分析、设计软件系统时,会发现随着对用户需求的分解,软件系统的功能越分越小、越分越多,相应的模型也越建越多,最终很难识别诸多模型的建模元素(Element)的归属。因此急需按照某种要求来划分这些建模元素的所属范围,以便更容易理解所建的诸多 UML 模型和它们的建模元素的作用。

UML 包图(Package Diagram)是一种有效的建模工具,它为基于包(Package)的系统在静止状态下的结构建模。在 UML 包图中,每个包如同操作系统中的文件夹,可以根据需要建立相应的文件夹结构,然后,把相应的模型和模型元件放入其中。这样在查找某个模型或模型元件时,能够知道它们的位置。

因为用例图和类图在设计和开发过程中更倾向于扩张,所以,包图比较常见的是用于用例图中的用例和类图中类的分群,以便保持用例图和类图在系统功能上的清晰划分。实际上包图可以应用于任何 UML 建模图中,这完全取决于建模是子系统或某种区分的需要。

9.2 包　　图

包提供了一种 UML 元素分类和命名空间(Namespace)定义的方法。几乎所有的 UML 元素都可以用包来分组,而且包还可以嵌套。包的本质意义在于下面三点:

(1) 在逻辑上把一个复杂的模型模块化。
(2) 按一定的规律为相关元素分组。
(3) 定义命名空间。

命 名 空 间

一般地,命名空间用于识别一系列来源不同但是名字相同的元素。命名空间是一个抽象的容器,这个容器把相同名字的不同元素分开包装,使它们具有不同的上下文环境,这样在同时使用名字相同但是意义不同的元素时,每个元素可以利用自己的命名空间相互区分。

UML 包图展示了包及它们之间的关系,它的抽象表达方式为:

包图 = 包 + 关系

```
Package Diagram = Package + Relationship
```

UML 包图的语义简单,但意义重大,它用 UML 符号表示模型元素的组合。系统中的每个元素都只能为一个包所有,一个包可嵌套在另一个包中。使用包图可以将相关元素归入一个系统。一个包中可包含附属包、图表或单个元素。

9.3 包图的表示方法

9.3.1 包

UML 使用一个左上部带有标签的矩形表示包。图 9-1 表示了包 security。

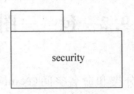

图 9-1 包 security

包中元素的表示方式有两种。一是在包中用矩形画出这些元素,这种方法下,包的名称就可以放在包图左上部的标签中。例如,要表示包 security 中的元素 Credentials 和 IdentityVerifier,可以用如图 9-2 所示的方式。

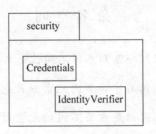

图 9-2 包 security 及其中元素

第二种表示方法是用实线将包和包中的元素连接起来。这种方法的包含关系用接近包那一端带有加号的圆圈来表示。使用这种表达方式的时候,最好是把包名称放在大矩形框中,这样,就可以在表示包元素的矩形框中添加更多关于包元素的细节。应用这种方法,如图 9-2 所示的包图可以表示为如图 9-3 所示的形式。

系统自身定义了最外层的命名空间,它是所有名字的基础。它是一个包,通常还带有几层嵌套的包,直到得到最终基本元素的名字为止。也就是说,包还可以包含其他的包,例如,包 java 可以包含包 util,包 util 包含类 Date。这种结构可以用如图 9-4 所示的形式表示。

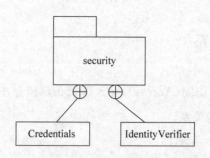

图 9-3　包 security 及其中元素的另一种表示方法

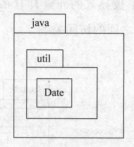

图 9-4　嵌套的包

由于用如图 9-4 所示的形式表示多层的嵌套将很麻烦，因此 UML 用双分号（::）隔开的命名空间的形式表示这种嵌套关系。应用这种方法，图 9-4 分别与如图 9-5 所示的两种形式等价。

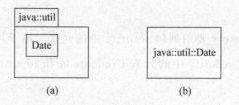

图 9-5　用双分号（::）隔开的命名空间表示嵌套的包

9.3.2　包中元素的可见性

包中元素的可见性主要有下面三种。

（1）＋：表示公共的可见性（Public），这类元素可以被包外部的所有元素访问。

（2）♯：表示受保护的可见性（Protected），这类元素仅可被继承该包的子包中的元素所访问。

（3）－：表示私有可见性（Private），这类元素不能被包外部的元素访问。

9.3.3 包之间的关系

包之间有三种关系：访问（Access）、导入（Import）和合并（Merge）。UML用带开箭头的虚线表示包之间的关系。

1. 访问

包的访问关系详细地说明了被导入的元素具有私有的可见性。UML用构造型<<access>>加在虚线上表示包之间的访问关系。

来看如图9-6所示的例子。

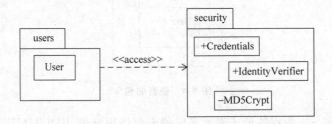

图9-6　具有访问关系的包图

该例中，users被称为源包（Source Package），security被称为目标包（Target Package）。

这个例子表示包users要用到包security中的元素。由于可见性的原因，users中的元素User只能使用security中的元素Credentials和IdentityVerifier，而不能使用MD5Crypt。

2. 导入

包的导入关系指目标包中的内容将被导入到源包中。当然，目标包中的私有成员是不能被导入的。导入关系用构造型<<import>>加在虚线上表示。

来看如图9-7所示的例子。

这个例子表示包users中的元素User可以访问包security中的元素Credentials和IdentityVerifier，可以用如图9-8所示的形式形象地进行说明。

那么，包的access关系和import关系有什么不同呢？注意，假设包users被导入到另一个包Z中，如果users和security是access的关系，则Z中的元素是看不到包

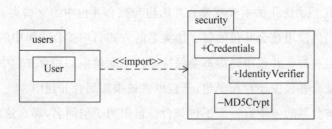

图 9-7　具有导入关系的包图

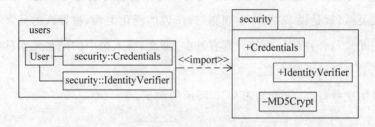

图 9-8　包中元素导入关系的示意图

security 中元素 Credentials 和 IdentityVerifier 的,即包 security 中的元素 Credentials 和 IdentityVerifier 对包 Z 中的元素来说,其可见性是 private。

与 access 关系不同,如果包 users 和包 security 是 import 的关系,那么,包 Z 中的元素是可以见到包 security 中元素 Credentials 和 IdentityVerifier 的,也就是说,包 security 中的元素 Credentials 和 IdentityVerifier 对包 Z 中的元素来说,其可见性是 public。

3. 合并

合并关系表示将目标包中的内容合并到源包中去。同样,目标包中的私有内容也是不能被合并的。合并关系用<< merge >>加在虚线上表示,箭头指向被合并的包。如图 9-9 所示为包 sales 合并了包 inventory 中的元素。

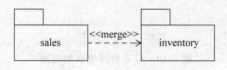

图 9-9　包的合并关系

包的合并关系包含下列规则:

(1) 包中的私有成员不能被任何其他包合并。

(2) 如果合并的包中的类与被合并包中的类重名或具有相同的类型,那么在合并后的包中将存在一个泛化关系来建模合并的包与被合并包中的这些类。

（3）可以仍然使用被合并包的名字加类名的方式引用被合并包中的类。

（4）合并包和被合并包中的类都会保持原样不变被添加到合并包中。

（5）即使被合并包中还存在子包，子包也将被添加到合并包中。

（6）如果被合并的包中有一个子包与合并包中的子包同名，那么这两个子包之间还会合并一次。

（7）任何与被合并包具有导入关系的包都将作为合并包的导入包，与合并后的包建模为导入关系，就是说，不会产生规则（2）所说的泛化关系，被导入的元素不被合并。如果导入的元素与合并后包中的元素有冲突，那么，导入包中的同名元素具有优先权，被导入的元素必须被重新命名。

为了说明这些规则，可看如图 9-10 所示的例子。

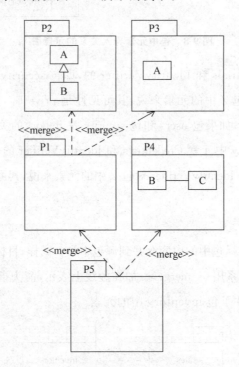

图 9-10　具有合并关系的包图

图 9-11 所表达的意思与图 9-10 是一致的。

值得注意的是，merge 关系是在设计阶段实现的，迄今为止还未受到程序设计语言的支持。merge 关系有助于更改设计时使开发者了解设计者的意图。

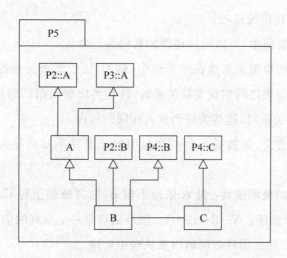

图 9-11 具有合并关系的包图的另一种表示方式

9.4 总　　结

　　本章介绍了 UML 包图。应该牢记：应用包的目的是为了简化图。通常当一个图变得很庞大且在单一页中无法打印的时候引入包，此时可以通过采用分而治之的方法把大的图重新组织为较小的图。

　　包图中可以包含任何一种 UML 图，但通常更多的是用例图或类图。

　　创建用例包图，可以帮助组织需求，对需求进行高层次的概述。创建类包图，可以在逻辑上组织类，对设计进行高层次的概述。

　　在创建类包图的时候，一般会采用垂直分层的方式组织包中的类，以显示类以及类之间的关系。一般地，应该把相同继承层次的类、彼此间有聚合或组合关系的类、彼此合作频繁且信息能够通过 UML 顺序图和 UML 协作图反映出来的类组织在相同的包中。

　　用例通常是面向对象开发方法学中主要的需求制品之一。对于大的项目来说，通常创建用例包图（Use Case Package Diagram）来组织需求。

　　组织用例应该以主要角色的需要为基础。用例包图可以包含角色，这样做将使用例包图更容易被读者所理解。可以水平地排列用例包图，由于用例包图的主要使用者是项目的开发者，因此图的组织应该能够反映他们的需求。应该把关联的用例放在一起，即将具有 include、extend 和 generalization 关系的用例放在相同的包中。

下面是一些包建模的技巧：

(1) 包的命名要简单，可以用描述性的名称为包命名。

(2) 将高内聚的模型元素放在一个包中，例如，属于继承关系的父类和子类应放入相同的包内；类与类之间组成关联关系时，这些类应放入相同的包内；如果类与类之间有紧密的协作关系时，这些类应当放入相同的包内。

(3) 注意命名含义，即被导入到一个包中的元素并不知道导入它的包对它做了什么。

(4) 避免包间的循环依赖：包 A 依赖于包 B，包 B 依赖于包 C，而包 C 依赖于包 A，这就形成了一个循环：A—B—C—A。循环依赖是一个很好的信号，意味着需要重构一个或多个包，把导致循环依赖的因素从包中除掉。

(5) 包依赖应该反映内部关系：当一个包依赖于另一个包时，意味着这两个包的内容间存在着一个或多个的关系。例如，如果是一个用例包图，那么就有可能两个用例之间存在 include、extend 或 inheritance 关系，而两个用例分别处于不同的包中。

第10章 构 件 图

Image courtesy of Cooldsign/FreeDigitalPhotos.net

10.1 基于构件的系统静止状态下的结构建模

在软件开发和设计时,可能有这样的想法:正在开发的软件系统的某些功能是否可以直接用别人已经完成的并且具有相同功能的软件模块来代替,这样可以大大节省时间;另外,为了使所开发的软件系统的某些功能模块在将来更容易更新和替换,而不得不考虑如何使所开发的功能模块与系统的其他功能模块之间有最大程度的松耦合机制。正是在所有上述想法的驱动下,软件工程领域出现了一种软件开发技术,称为基于构件的开发(Component Based Development,CBD)。

在该方法的指导下,构件对用户来说能够"即插即用",即能从所提供的构件库中获得合适的构件并重用;对供应商来说,这种软件构件便于用户裁剪、维护和重用。

为了实现基于构件的软件开发的设计思想，必须将系统划分为若干个可管理的子系统，再把子系统中的类用接口进行封装，以便组成构件内部高内聚（Cohesion）、构件之间松耦合（Coupling）的结构。UML 提供构件图来实现基于构件的系统结构建模。

10.2 构件和构件图

10.2.1 构件

目前构件还没有统一的定义。根据 Donald Bell 在 *UML Basics：The Component Diagram* 一文中所述，UML 2.0 改变了传统构件概念的本质意思，在 UML 2.0 中，构件被认为是在一个系统或子系统中独立的封装单位，它通过一系列的接口对外界提供功能。也就是说，在 UML 2.0 中，构件被认为是独立的，是呈现事物的更大的设计单元，这些事物一般将使用可更换的构件来实现。构件提供一个或多个接口。在本书中，我们更倾向于把构件定义为：在软件系统中遵从并实现一组接口的物理的、可替换的软件模块。在这个构件定义中，强调了构件的两个重点——接口和可替换（或称为重用）。

构件的实施细节应被隐藏，它使用一系列的供接口（Provided Interface）提供它的功能，使用需接口（Required Interface）接收其他构件提供的功能。通过使用接口，可以避免系统中各个构件之间发生直接依赖关系，有利于新构件的替换。如果构件间的依赖关系与接口有关，那么构件可以被具有同样接口的其他构件替代。

当前主流的构件模型规范有以下三种。

（1）OMG 的 CORBA 构件：跨越了各种平台和语言的限制。

（2）Sun Microsystems 的 EJB 构件：跨越异种平台。

（3）Microsoft 的 COM＋构件：仅限于 Windows 系列操作系统。

10.2.2 构件图

构件图（Component Diagram）为系统中的构件建模，它展示了构件间的相互依赖关系。

构件图是 UML 中最重要的建模图示语言之一。它可以建立系统中的类、类的内部结构（类的属性和操作）以及类与类之间的各种静态关系模型。构件建模的目标是把系统中的类分布到更大的内聚构件中,并显示系统构件间的结构关系。

构件图由构件、接口、关系、端口和连接器组成,它的表达方式为:

构件图 = 构件 + 接口 + 关系 + 端口 + 连接器

Component Diagram = Component + Interface + Relationship + Port + Connector

10.3 构件图的表示方法

10.3.1 构件

UML 提供许多种表示构件图的方式,基本构件是一个可替换的软件包。如图 10-1 所示的符号可视化地表示了一个构件。

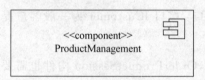

图 10-1 构件的 UML 符号

在 UML 2.0 中,构件用加构造型<<component>>的矩形框来表示。如果没有详细地显示构件的细节,可以将构件的名字放置在矩形框的中央。可以在矩形框的右上角显示一个构件的图标,这个图标其实是 UML 2.0 之前表示构件的符号,即用左侧加两个小矩形的矩形框表示构件。

10.3.2 供接口和需接口

构件为什么要用接口呢?构件中有非常多的功能,假如有一个类要使用构件中某个类的某个方法,但当构件中这个具体的方法发生变化时(例如方法名字的变化或方法内容的变化),那么该类就不能应用构件中的相应内容了。应用接口可以隐藏具体的实现细节,这样,构件中的内容可以任意变化,而接口却是相对固定的。

构件向外部展现两种接口:供接口和需接口。

供接口表示构件为客户提供的功能,它告知用户构件如何被使用。构件至少要有一个供接口。

需接口表示为了使构件工作,构件必须从其他服务中所获得的功能。需接口表示该接口是构件的成员变量或构件中类的成员变量。

供接口用"棒棒糖"式的图形表示,即由一个封闭的圆形与一条直线组成;需接口用"插座"式的图形表示,即由一个半圆与一条直线组成。如图 10-2 所示的例子为 PPS 项目中的产品预定构件,须注意它的供接口和需接口。

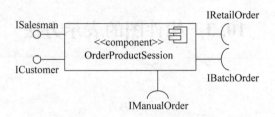

图 10-2 预定产品构件

图 10-2 中的构件名为 OrderProductSession,为了向两种不同的用户提供服务,它提供了两种不同的供接口:接口 ICustomer 为一般客户提供服务,接口 ISalesman 为销售人员提供服务。

为了完成它的工作,OrderProductSession 构件也需要其他三个不同的构件提供的服务:OrderbyRetail、OrderbyBatch 和 OrderbyManual,用 IRetailOrder、IBatchOrder 和 IManualOrder 分别表示三个需接口。

与图 10-2 相对应的代码如下所示:

```java
public class OrderProductSession implements ICustomer, ISalesman {
    IRetailOrder myRetailOrder;
    IBatchOrder myBatchOrder;
    IManualOrder myManualOrder;
    public  OrderProductSession(IRetailOrder aRetailOrder, IBatchOrder aBatchOrder,
        IManualOrder aManualOrder) {
        this.myRetailOrder = aRetailOrder;
        this.myBatchOrder = aBatchOrder;
        this.myManualOrder = aManualOrder;}
```

在 Java 语言中,供接口通过关键字 implements 来显式地表示,需接口被类所使用的任何接口类型隐式地定义。

10.3.3 构件间的关系

如果一个构件有一个需接口,则表示它需要另一个构件或者类为它提供服务。为了表达构件与其他构件间的关系,供接口与需接口之间用一个表示依赖的箭头(即虚线加一个开箭头)连接起来,该箭头从需接口引出,指向服务供应者提供的供接口,如图 10-3 所示。

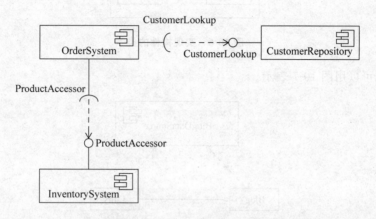

图 10-3　构件间的协同工作

图 10-4 用一个装配连接器(Assembly Connector)表示构件之间的关系,稍后将介绍装配连接器。

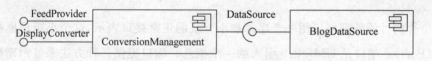

图 10-4　用装配连接器表示构件间的协同工作

更简单的,可以忽略构件间的供接口和需接口,而直接在构件间画上依赖关系,如图 10-5 所示。

图 10-5　直接用依赖表示构件间的关系

10.3.4　实现构件的类

构件需要包含和使用一些类来实施它的功能,这些类实现了这个构件。可以在构件中画出这些类以及类间的关系,如图 10-6 所示。

更直接的,可以直接在构件和实现它的类之间绘制依赖表示这些类实现了构件。

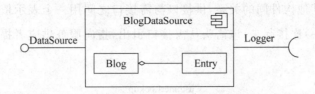

图 10-6　实现构件的类

图 10-6 也可以用图 10-7 表示。

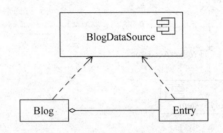

图 10-7　用依赖表示实现构件的类

10.3.5　外部接口——端口

组合构件的外部接口用一个尾部加小方块的正常接口表示,这个小矩形框被称为端口(Port)。端口是 UML 2.0 引入的一个概念。端口提供一种方法来显示建模构件所提供或要求的接口如何与它里面的部分相关联,如图 10-8 所示。

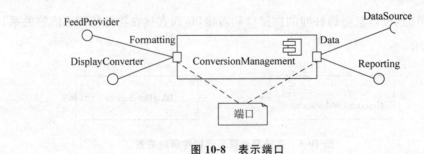

图 10-8　表示端口

10.3.6　连接器

为了展现功能的实现,连接器(Connector)将一个构件提供的接口与另一个构件必需的接口绑定到一起。UML 2.0 提供了以下两种类型的连接器。

(1) 代理连接器(Delegation Connector):连接外部接口的端口和内部接口。

(2) 组装连接器(Assembly Connector)：组装连接器表示构件之间的关系，它连接构件内部的类，将一个构件的供接口和一个构件的需接口捆绑在一起。

10.3.7 显示构件的内部结构

一个构件的内部可能包括多个其他的构件，这样的构件称为复合构件(Compound Component)。复合构件中的构件称为子构件(Subcomponent)。图 10-9 显示了 PPS 项目中一个称为 ProducePlanning 的复合构件及其内部结构。这个例子标明了构件图的所有组成元素。

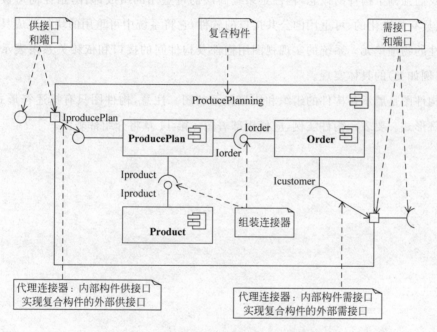

图 10-9 ProducePlanning 构件及其内部结构

在图 10-9 中，ProducePlanning 构件提供了 IproducePlan 接口并需要 Icustomer 接口为其提供服务。ProducePlanning 构件由三个构件组成：Order、ProducePlan 和 Product。ProducePlanning 的 IproducePlan 和 Icustomer 接口符号在构件的边缘上均有一个方块，这些方块就是上面介绍的端口。通过使用端口，可以从外部实例中分离出 ProducePlanning 构件的内部构件。IproducePlan 端口代表 ProducePlanning 构件的 IproducePlan 接口。同时，内部的 Order 构件要求的 Icustomer 接口被分配到 ProducePlanning 构件必需的 Icustomer 端口。通过连接 Icustomer 端口，

ProducePlanning 构件的内部构件(例如 Order 构件)可以具有代表执行端口接口的未知外部实体的本地特征。必需的 Icustomer 接口将会由其他外部构件实现。

10.4 总　　结

本章介绍了构件图。构件图表示了构件之间的依赖关系,每个构件都可以实现一些接口,并使用另一些接口。如果构件间的依赖关系与接口有关,那么这个构件可以被具有同样接口的其他构件替代。

我们强调了构件的概念,构件是系统高层的可重用的组成部件,指任何可被分离出来、具有标准化的、可重用的公共接口的软件,它将系统中可重用的块包装成具有可替代性的物理单元。系统的实现视图用构件及构件间的接口和依赖关系来表示设计元素(例如类)的具体实现。

构件图是展示各构件的组织和依赖关系的图。注意,构件图只有描述符形式,没有实例形式。要表示构件实例,应使用部署图。第 11 章将介绍部署图。

第11章 部 署 图

Image courtesy of Artur84/FreeDigitalPhotos.net

11.1 基于物理环境部署的系统静态结构建模

当软件处于物理部署阶段时,人们关注的是软件程序在计算机硬件系统中的物理分布、通信方式和部署方法。例如,当设计开发一个分布式运算的网络应用软件时,根据该系统运行时的用户流量,系统的安全性和稳定性等要求,应当建立一个适合软件系统要求的硬件局域或广域网络系统,在这个硬件系统中,还需要设计出服务器的数量、地理分布点、系统节点之间的通信协议以及相应操作系统等,以便达到硬件与软件系统相适应,实现用户对应用软件性能的最终要求。UML 的部署图(Deployment Diagram)用来解决这类建模问题。

11.2 部 署 图

一个 UML 部署图描述系统的软件如何映射到将要执行它们的硬件上，用来显示系统中软件和硬件的物理架构，是一个运行时的硬件节点以及在这些节点上运行的软件的静态结构模型。这些软件（可能是一些构件或类等）通常被称为制品（Artifact），被部署到的硬件或者软件环境被称为节点（Node），节点间的通信被建模为通信路径（Communication Path）。部署图的表达方式为：

部署图 = 制品 + 节点 + 通信路径

Deployment Diagram = Artifact + Node + Communication Path

部署图显示了系统的硬件、在这些硬件上安装的软件以及用于连接异构的机器之间的中间件。从部署图中可以了解到软件构件、硬件是如何部署到系统的物理架构中的。使用部署图可以显示系统运行时的结构，同时传达构成应用程序的硬件和软件元素的配置和部署方式。

11.3 部署图的表示方法

11.3.1 制品

制品是与软件开发过程相关联的实际存在的信息，是被软件开发过程所利用或通过软件开发过程所生产的一段信息。制品可以是一个模型、描述或软件，它通常以文件的形式存在，可以是可执行的，例如 EXE 文件、二进制文件、DLLs 或者 JAR 文件等，也可以是一个数据文件、一个配置文件、一个用户手册或者一个 HTML 文档。在 UML 2.0 中，制品可以用于表示任何可打包的元素，这些元素涵盖了 UML 中的所有部分。

在 UML 中，制品用右上角带一个"狗耳朵"标记的矩形框表示，如图 11-1 所示。

可以在矩形框中标明制品的名字，如图 11-2 所示。

制品可以有属性和操作，比较常见的是用属性和操作表示制品的配置选项。属性和操作可以放在制品的第二栏中，如图 11-3 所示的形式。

图 11-1　制品的符号　　　　图 11-2　带名字的制品

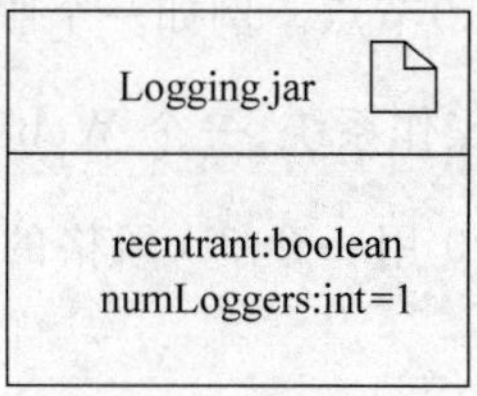

图 11-3　带属性的制品

制品拥有制品实例，可以用制品名加下划线的方式来表示一个制品实例，如图 11-4 所示。

图 11-4　制品实例

一个制品可能是另一个 UML 元素的显示（Manifestation），例如 Logging.jar 是 LoggingSubsystem 构件的显示。在 UML 1.x 中，这种显示关系被建模为实施（Implementation）。在 UML 2.0 中用标记<< manifest >>的虚线箭头表示这种实施关系，如图 11-5 所示。注意，这种显示关系不要求制品名与它显示的其他 UML 元素同名。

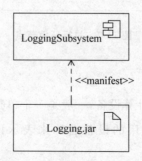

图 11-5　将构件显示为制品

11.3.2 节点

节点(Node)是一个能够执行制品的实体,可以是硬件,但有时也可以是为其他软件的执行提供执行环境的软件。有两种类型的节点：执行环境(Execution Environment)节点和设备(Device)节点。例如一个服务器、客户机或者一个磁盘驱动器都是典型的设备节点,而一个操作系统、一个 Web 服务器或者一个 J2EE 容器就是执行环境节点的例子。UML 2.0 用一个 3D 风格的盒子表示节点,在节点的内部注明节点名,如图 11-6 所示。

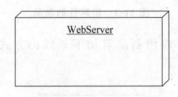

图 11-6 节点的 UML 符号

1. 执行环境节点

在部署图内部,用构造型<< ExecutionEnvironment >>和所选用的执行环境名称来表示执行环境节点,执行环境通常是中间件或操作系统。图 11-7 表示该节点的可执行环境是 JBoss。

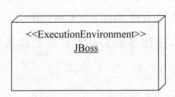

图 11-7 执行环境节点

2. 设备节点

设备节点用于表示具体的计算设备,一般是一个单独的硬件设备。图 11-8 展示了用构造型<< device >>和所选用的设备名称来表示该节点选用的设备是 Desktop Computer。

图 11-8 设备节点

11.3.3 部署

部署图最重要的部分就是将制品部署在执行它的节点上。UML 2.0 提供了三种方法来表示如何把制品部署到节点中。可以通过将制品绘制在节点中实现对制品的部署,如图 11-9 所示,表示将制品 Logging.jar 部署在执行环境中间件 JBoss 中,再将 JBoss 部署在 Desktop Computer 中。

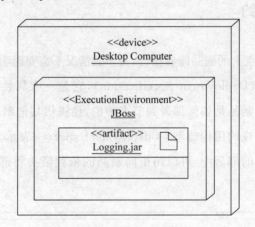

图 11-9 将制品部署在节点中

也可以用带构造型<< deploy >>标签的虚线箭头表示将制品部署在节点中(注意,箭头指向节点),如图 11-10 所示,表示将制品 ccvalidator.jar 部署在设备节点 AppServer 中。

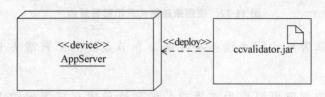

图 11-10 用箭头表示制品部署在节点中

更简单地，可以将制品直接记录在节点中表示部署关系，如图 11-11 所示。

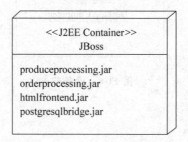

图 11-11　将制品直接记录在节点中

如果发现某个节点被放置到了另一个节点中，那就不是部署图，因为部署只是将制品部署到节点中。

11.3.4　部署规约

为了使部署在节点上的制品能够执行，大多数情况下需要说明一些配置参数。这些参数被称为部署规约（Deployment Specification），它是一个属性的集合，是一类特殊的制品。它说明其他制品是如何部署到节点中的，还提供其他制品如何成功地在节点上运行的信息。部署规约用构造型<< deployment spec >>表示。有两种方法将部署规约绑定到它所描述的部署中，可以用指向制品的依赖箭头将部署规约与制品绑定，如图 11-12 所示。

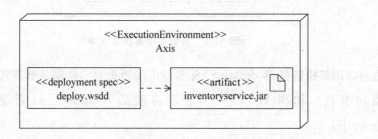

图 11-12　使用依赖箭头表示部署规约

还可以将部署规约用虚线连接在制品和节点间的部署箭头上，如图 11-13 所示。

部署规约的细节可以作为部署规约的属性放置在部署规约中，如图 11-14 所示。

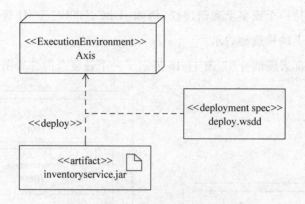

图 11-13　将部署规约连接在部署箭头上

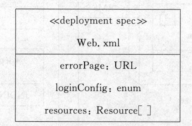

图 11-14　用属性说明部署规约的细节

11.3.5　通信路径

通信路径表示节点间的通信，用实线表示。图 11-15 表示 Desktop Computer 将与 WebServer 发生通信，而 WebServer 将与 Database 发生通信。

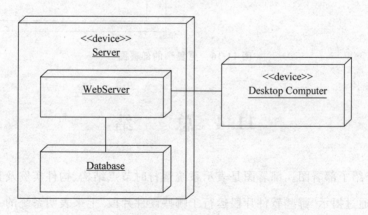

图 11-15　通信路径

通信路径支持一个或多个通信协议,例如 JDBC、ODBC、RMI 等。通信协议可以用加在通信路径上的构造型表示。

综合上面对部署图的介绍,图 11-16 展示了一个较复杂的部署图。

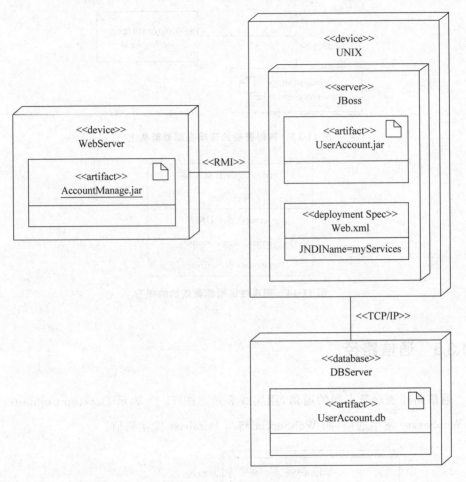

图 11-16　更复杂的部署图

11.4　总　　结

本章介绍了部署图。部署图是表示系统运行时节点结构、构件实例及其对象结构的视图,它通过揭示"哪些软件片段运行于哪些硬件片段"上来表明系统的一个物理布局。部署图由制品、节点和通信路径组成。制品是用于指导软件开发的中间产品,这些中间产品虽不是最终的产品,但它们对最终产品的开发具有指导作用。节点是表示计算资源的、运行时的物理对象,是一组运行资源,如计算机、设备或存储器,通常具有内存和处理能力,它可以包含对象和构件实例。通信路径表示节点间的关联。

任何一个复杂的部署都可以很好地应用部署图来表达。它描述了处理节点及运行在这些节点之上的构件运行时的配置,展示了现实世界环境运行系统的配置的开发步骤,还描述了在一个实际运行的系统中,节点上的资源配置和构件的排列以及构件包括的对象,并包括节点间内容的可能迁移。在部署的过程中,必须决定配置参数,实现资源配置的分布性和并行性。

注意,在 UML 2.0 中,构件不被放置在节点里,而是将其显示为制品。构件代表代码单元在运行时的表现,不作为运行时内容的构件不出现在部署图中,它将在构件图中表示。

第 2 部分 实 践 篇

第 12 章　面向对象分析的 UML 模型
第 13 章　面向对象设计的 UML 模型

第 12 章　面向对象分析的 UML 模型

Image courtesy of Jscreationzs/FreeDigitalPhotos.net

12.1　面向对象分析设计

　　客户提供的需求文件经常是格式不规范,描述也不够准确。如果软件工程师直接依据这些需求文件进行软件开发,很容易产生运算和逻辑错误。为了准确地把客户需求呈现给开发者和使用者,需要一种科学有效的需求分析和设计方法。一般软件工程师习惯使用某种软件开发语言,而且这种开发语言决定了他们选择相应的分析和设计方法。软件开发语言有两大种类:面向过程开发语言(如 C 语言)和面向对象开发语言(如 C++ 和 Java 等)。面向对象分析和设计(Object Oriented Analysis and Design, OOAD)是以建立对象模型为目的的分析和设计方法。通过面向对象分析和设计使建立的对象模型符合 4 种要素中的某些要素:①抽象;②封装;③模块化;④层次结构。注意这里提出的对象建模 4 要素与面向对象开发语言的三个基本特征(封装,继承,多态)是不同的概念。前者是软件的分析和设计目的,后者是面对象开发语言的特征。

初学者可能并没有关注面向对象分析和设计中"分析"和"设计"这两个词的差别是什么,似乎它们都是为了建立对象模型。其实在面向对象分析和设计中,这两个词的目的是完全不同的:分析是针对软件功能而言的对象建模;设计是针对软件质量而言的对象建模。可以理解为分析模型是软件系统的物质基础,设计模型是软件系统的上层建筑。例如,需要开发一个收银机管理系统软件,首先需要分析这个收银软件都应该具备哪些功能,对这些功能的分析,称为分析建模。它是开发这个软件的"物质基础"。但是只考虑实现这些功能还不能满足软件开发的需求,还要考虑软件的质量要求,例如,使用这个软件的可靠性、安全性、可修改性、便捷性以及易维护等性能。针对于软件的质量需求所提出设计方案,称为设计模型。这也是软件开发的"上层建筑"。

面向对象分析和设计方法与软件工程有什么区别?面向对象分析和设计方法是基于对象建模的分析和设计方法,它的关注点在需求分析和软件设计方面,软件工程是基于软件项目开发的管理方法,它包括需求分析和软件设计的使用方法,参与人员的交流模式,实施运行的时间计划,项目成本控制和人力资源等管理方法。面向对象分析和设计方法是软件工程管理方法中的子课题。目前比较流行的软件工程理论包括:Rational Unified Process(RUP),Extreme Programming(XP)和 Agile Process 等。

12.2 分析模型

在分析客户功能需求时,最好忘记自己的软件工程师身份,尽可能地从客户的角度来理解客户需求,以便减少软件工程师已有的经验对客户需求产生影响。因为在面向对象分析过程中,不是在发明或改进客户的需求,而是在理解和捕获客户需求。客户的真正需求往往隐藏在客户的需求描述中,要通过分析模型把它们展现出来。分析建模的目的就是要知道客户需要什么,而不是软件工程师设计什么。UML 提供了很多种分析模型图,其中在面向对象的分析建模中最常使用的是:用例图,交互图(顺序图和通信图),概念类图等分析模型。

12.2.1 用例图模型

由于客户所处的行业和经验不同,他们所描述需求的方式方法也不同。为了有效地归纳分类客户需求中的功能,分析需求的最好办法是先在纸上把所有的功能圈出来,这样在视觉上更突出,然后再把这些圈圈用线连接起来,以便看到它们之间的关联。经过这样的反复推敲、修改,最后形成了由这些圈圈组成的 UML 用例图模型。其中每个圈圈是一个用例。例如,下面是一个关于收款机管理系统的需求描述。

> 收银员使用收款机可以进行收款、退货、换货、价格查询、折扣、取消交易等操作,其中退货、换新型触摸屏 pos 机、折扣功能可以设置成由经理控制。收银员每天工作的基本操作过程可以分为开机、进入销售、存零头、执行销售、结账、退出销售和关机。由系统销售功能决定,收银员在上机时必须将自己的密码正确输入,在得到系统确认后才能正常进入收款机销售状态。在销售过程中所有的账务都会自动记录在该收银员的账号下,直到退出销售下机时为止。销售结算的付款方式,可分为人民币、支票、信用卡、礼品券等。
>
>
>
> 摘自《详细介绍 POS 系统的操作方法和步骤》中国商业信息网 http://pos.cb12580.com/detail/74-3841.html

根据收款机管理系统的功能描述,得出下面的用例图模型:如图 12-1 所示的收款机管理系统用例图模型。这个模型把各种功能需求进行分类和归纳处理,每个用例圈形成了既独立又关联的功能基本单位,为规范化地描述每个用例提供了概念基础,用例图模型帮助软件工程师确定需求功能的外延和内涵。它使对象分析和设计向封装这个目的迈出了第一步。

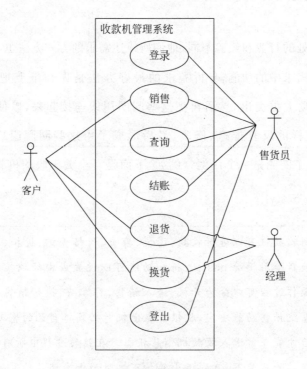

图 12-1　收款机管理系统用例图

12.2.2　在用例图模型基础上编写用例

根据收款机管理系统用例图模型中出现的所有用例,选择销售用例作为示范案例,如图 12-2 所示。本章的目的是介绍 UML 模型在面向对象分析和设计中的应用,所以,没有对用例图模型中的所有用例进行规范化描述。描述用例并不属于 UML 建模语言范畴。用例描述属于软件工程需求规范化的知识范畴。为了有效地指导软件工程师的开发,有必要把客户语言描述的需求转化为软件工程的规范化语言的描述方式,这种规范的描述方式就是用例。

图 12-2　销售用例图

根据客户的需求描述,转化成如表 12-1 所示销售用例。

表 12-1 销售用例

用例编号	UC002	
用例名	销售	
作者及创建时间	Tao Yuan,2013/3/12	
更新者及更新时间	无	
主要参与者	客户,收款员	
简要描述	该用例是客户与收款员之间的交易过程	
前置条件	收款员必须用个人密码登录	
	主要参与者操作	系 统 反 应
基本流(Basic Flow)	1. 收款员验收客户要买的商品开始交易; 3. 收款员记录每个货物的名称或编码和相同货物的数量; E1:无法识别货物编码 5. 收款员记录完所有客户购买的货物后,记录结束; 7. 客户付款; S1:付现金; S2:信用卡; 9. 收款员打印收据	2. 显示新的交易单号; 4. 显示录入货物价格,简称; 6. 计算和呈现销售总额; 8. 记录交易完成; 10. 打印收据,改变货物库存量,交易结束

分支流(Sub Flow)	S1:付现金
	  1. 客户付现金,可能提供面额大于交易额的现金数
	  2. 收款员记录所收金额;
	  4. 收款员收纳货物金额,返还余额给客户;
	S2:信用卡
	  客户用信用卡在收银机上刷卡;
	  4. 客户签字或录入密码
		3. 显现交易金额和余额
		2. 将客户信息和付款金额送到信用卡公司;
		3. 要求客户签字或密码;
		5. 显示信用卡公司成功付款信息

后置条件		
异常(Exception)	E1:无法识别货物编码 收款员录入货物编码; 3. 收款员删除该货物	2. 无法识别; 4. 恢复到之前的货物明细单
非功能性需求(NFR)	1.每个货物存货量必须保证在系统的唯一性;防止相同物品在不同的收银机上看到不同库存量; 2.必须保证收银机可以使用任何一种信用卡进行交易,不需要修改管理系统软件; 3.…	
领域(Domain)		

12.2.3 顺序图模型和概念类图模型

12.2.2 节中已经把客户需求文件通过用规范化描述转变为用例需求文件(表 12-1),在这个用例文件中,可以清楚地看到用例的参与者、发生条件、主要流程和异常事件等。现在的问题是如何根据用例来指导开发软件?由于面向对象开发的基本程序单位是类(class),那么如何识别用例中的类?很多人试图发现一些简单的识别类的方法或规律,例如,选取用例中的名词作为类的候选对象等,但是这些规律都很难满足软件开发的分析和设计需求。因为类的定义原则与用例描述的名词或者动词并无直接关系。为了发现用例中类的候选名单,应该把注意力集中到用例的参与者与系统互动的行为上,如果发现用例中的某些行为在实现用例时具有不可被替代的作用,就可以把产生该行为的对象选为类的候选者。如何判断这些对象在用例中的责任(或所有行为)呢?在实际开发过程中,需要通过建立各种 UML 模型,对这些对象的行为进行分析,最终确定它的所有行为,并且基于用例中对象行为建立的类模型称为概念类(conception class)。

概念类是实现用例的功能需求的类。概念类与开发程序中所编写的类是不同的,后者称为设计类(design class)。概念类是设计类的基础,为了满足软件的质量要求,在设计阶段有可能将概念类分解成几个设计类。在面向对象分析建模阶段,建模的目的是从用例需求中准确地捕获功能概念,建立概念类图模型。概念类图模型是由 UML 类图(class diagram)来实现的,在概念类图模型中只展现的概念类的名字和之间的关联,不需要列出每个类的详细方法(或信息)。建立概念图模型是一个反复推敲、迭代更新的过程,不可能一次完成。

1. 建立销售用例的类获选名单

根据销售用例,先选出如表 12-2 所示概念作为组成这个用例的概念类候选名单。

表 12-2 概念类候选名单

概念类名称	在用例中的责任	英文名称
交易	日期、时间、种类及数量	Transaction
收款管理系统	记录和管理交易	Management System

续表

概念类名称	在用例中的责任	英 文 名 称
客户	购买者	Customer
收据	客户保留的交易记录	Receipt
付款	客户交付金额数量	Payment
商品	商店销售的商品	Item
仓库	商品库存	Storage
收款员	使用收款管理系统	Cashier
商品目录	商品目录表	Product Catalog
商品规格	展现在收据上的商品描述和价格	Product Specification
销售项目	购买同种商品的数量和合计金额	Sales Line Item
信用卡	信用付款方式	Credit Card
现金	现金付款方式	Cash

下一步需要依据 UML 的交互图模型来确定概念类和它们之间的相互关联。

2．通过顺序图模型确定概念类图模型

UML 2.0 的交互图包含两种图模型：一种是顺序图，另一种是通信图。无论是顺序图还是通信图都可以用来帮助我们发现概念类的责任和建立它们之间的关联。如果确定每个概念类的合理责任，那么不仅实现了面向对象分析和设计的封装目的，也为软件设计阶段的松耦合（loose coupling）目标奠定了基础。

下面通过建立销售用例的顺序图模型和概念类图模型，对销售用例中的概念类的责任进行分析。

1）"开始交易"的顺序图模型和概念类图模型

该顺序图模型（见图 12-3）描述由收款员单击系统界面开始一个新的交易后，所触发的一系列系统行为，首先取得收款员 ID（员工编号），然后系统使用该员工编号创建交易对象，接下来新产生的交易对象马上创建一个交易的销售项目集合对象。这个顺序图模型实际上对用例进行了系统内部行为的分析。根据图 12-3 顺序图模型的分析，可以看到图 12-4 概念类图模型中对象之间的如下关联：

（1）收款机管理系统对象含有收款员对象和交易对象。

（2）根据交易类概念的理解，交易对象必须含有交易的销售项目集合对象；它们

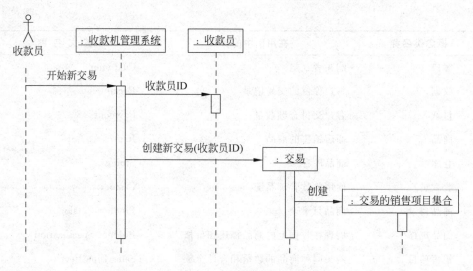

图 12-3　顺序图：开始交易

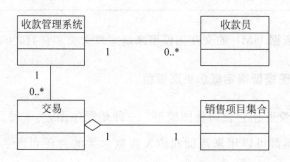

图 12-4　概念类图：开始交易

之间的关联是组合式关联，因为没有销售项目，交易就失去了存在的意义。

2)"录入商品"的顺序图模型和概念类图模型

"录入商品"的顺序图模型描述收款员接到客户要买的商品后，开始把这些商品录入到收款机管理系统，管理系统所产生的一系列相应行为。首先，系统根据录入商品的库存编码(或条形码)到商品目录找到商品的名称和价格等属性；然后，系统在交易中创建一个针对该商品的销售项目(含有商品名称、型号和价格等信息)，并由交易对象把该销售项目加到销售项目集合上。收款员按照商品的分类把所有不同的商品录入系统。所以，录入商品是一个重复性的行为(即循环)。

根据"录入商品"的顺序图模型(见图 12-5)，可以在图 12-6 概念类图模型中建立对象之间的如下关联：

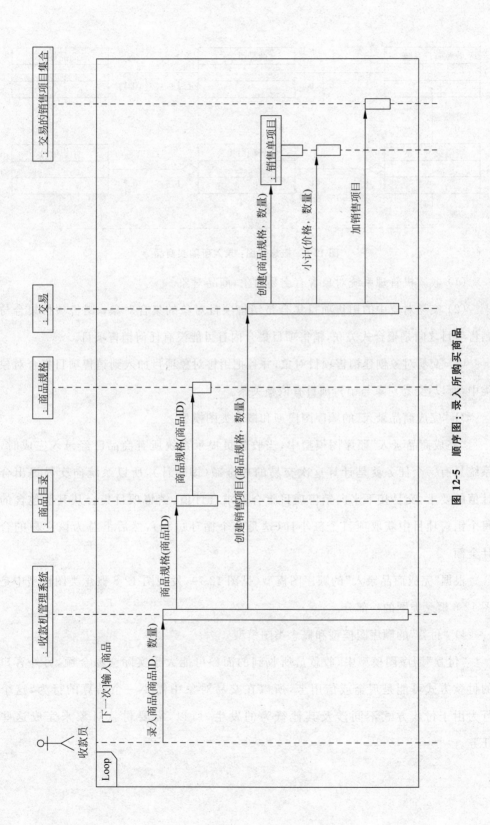

图 12-5 顺序图：录入所购买商品

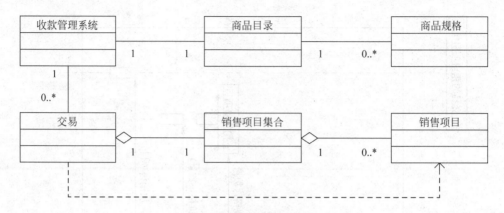

图 12-6　概念类图：录入所购买商品

（1）收款机管理系统对象含有交易对象，商品对象。

（2）交易对象中的销售项目集合是销售项目对象的集合对象；销售项目集合与销售项目之间是聚合式关联，销售项目集合内有可能没有任何销售项目。

（3）交易对象创建销售项目对象，并且把销售对象项目加入到销售项目集合对象类中，所以，交易对象与销售项目有依赖关系。

3）"完成商品录入"的顺序图模型和概念类图模型

"完成商品录入"顺序图模型中，当收款员提示系统所有商品已经录入完成时，系统只有一个任务就是计算这次交易的总金额（即合计），所以系统向交易提出合计值的要求，交易接下来向销售项目集合要求合计值，销售项目集合从其所包含的每个销售项目中获取项目金额小计（这是一个循环过程），然后汇总为该交易的合计金额。

根据"完成商品录入"的顺序图模型（见图 12-7），发现图 12-8 概念类图模型中是图 12-6 概念类图的一部分。

4）"付款"的顺序图模型和概念类图模型

"付款"顺序图模型中，收款员所收到的面额可能大于实际交易金额，另外客户的付款方式可能是现金或信用卡，所以在交易对象中需要一个结算的行为，这个行为由于付款方式不同涉及其他行为的发生，所以，需要付款对象来完成这些任务。

第 12 章 面向对象分析的 UML 模型

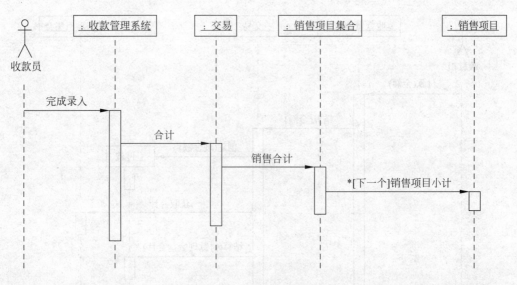

图 12-7 顺序图：完成商品录入

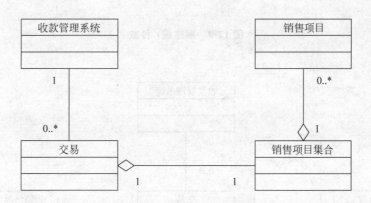

图 12-8 概念类图：完成商品录入

根据"付款"的顺序图模型（见图 12-9），建立图 12-10 概念类图模型。在该模型中，交易对象必须拥有付款对象，所以，交易对象的两个必要组成成分是：销售项目集合对象和付款对象。

5)"打印收据"的顺序图模型和概念类图模型

"打印收据"顺序图模型是销售用例中的最后一个环节，客户付款后，收款员操作管理系统的打印功能打印交易收据，打印收据意味着该交易已经结束，在打印结束前还需要做几件重要的事情：第一，执行交易对象的打印行为；第二，从销售项目集合

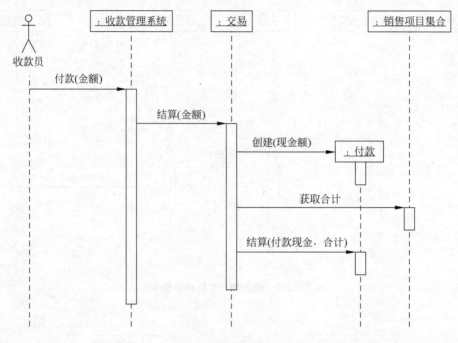

图 12-9 顺序图：付款

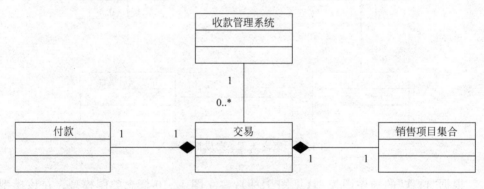

图 12-10 概念类图：付款

中一个一个地获取出销售项目中的商品存货编码和数量；第三,从库存中减去对应商品的数量；第四,重复第二和第三步骤,直到销售项目集合中的所有销售项目都被取出和减库存为止；第五,管理系统对交易作保存记录。

根据"打印收据"的顺序图模型(见图 12-11),获得图 12-12 概念类图模型。在图 12-12 中,管理系统还拥有库存和交易记录对象,但是交易与库存是依赖关系,因为交易对象并不拥有库存对象,但是它使用该对象的方法。

第 12 章 面向对象分析的 UML 模型

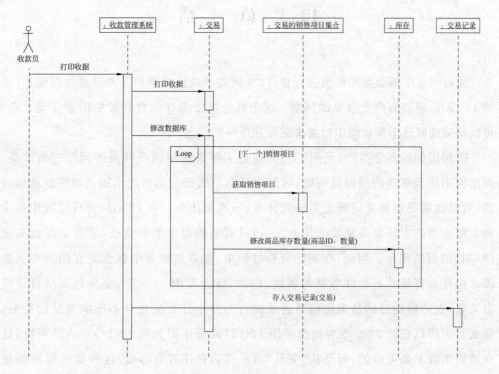

图 12-11　顺序图：打印收据

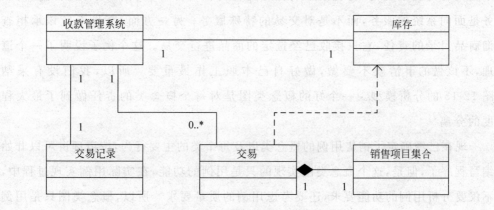

图 12-12　概念类图：打印收据

12.3 总　　结

通过对 5 个概念类图模型进行整合,得到关于销售用例的完整概念类图模型(见图 12-13)。现在有两个常见的问题:这个概念类模型在软件开发中的意义是什么?可以直接按照这个概念图中的类来编写程序吗?

销售用例的概念类图(见图 12-13)描述了解决该用例所涉及的问题的概念类,对用例中所要解决的问题越明确,对解决该问题的概念类所应承担的责任也就越清楚,所以也就越容易确定概念类该做什么,不该做什么。在 OOAD 分析过程中确定每个概念类的责任是最重要的任务之一,只有明确每个类的责任,才能最好地实现 OOAD 的封装理念。但是,在实际分析过程中,要弄清楚每个概念类在用例中到底该承担什么责任并不是件容易的事情,例如,概念类图 12-6 中,交易与商品目录没有关联,这样做的目的是无论商品目录的行为发生什么变化并不影响交易的行为。那么是否可以把图 12-6 改为概念类图 12-15(其顺序图为图 12-14)? 当然可以,这在功能实现上是可行的,但是从"交易"所承担的责任方面考虑,这种做法将削弱交易本身的功能。交易关注的是商品在付款时所发生的行为,如果让交易直接使用商品目录的查询行为,就意味交易行为将受到商品目录行为的制约,如果商品目录查询行为发生变化,将直接影响交易的行为。一方面,商品目录提供的查询服务是面向系统的服务,而不是对交易的特殊服务;另一方面,交易不应该承担查询商品目录的责任,它只接收已经选定的商品进行交易。这个例子说明了一个道理,不该做的事情就不要做,做好自己本职工作最重要。所以,我们没有采纳图 12-15 的分析模型。一个好的概念类图是对每个概念类的责任做到了最大程度的分离。

现在已经确定了销售用例的概念类以及每个类的主要行为,按道理讲可以开始编写程序了,但是,这个概念类图实现的只是用例的功能,在实际用例实现过程中,不仅要分析用例的功能要求,还要考虑用例的质量要求。所以,概念类图只是用例功能分析阶段的成果,还需要关于用例质量要求的设计方案,最终是以设计方案类图为依据开始进行编程的。如何用 UML 实现用例的设计模型正是第 13 章的内容。

第 12 章 面向对象分析的 UML 模型

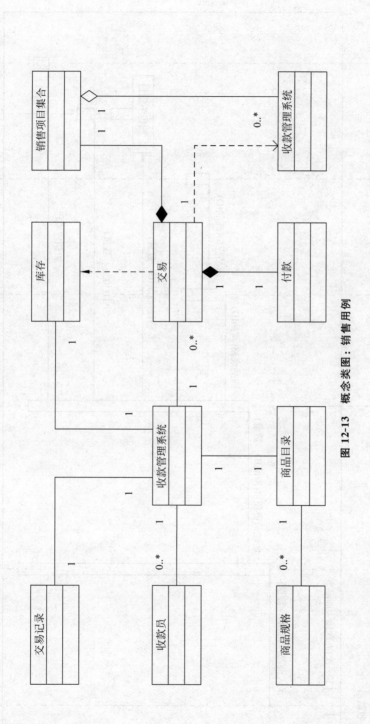

图 12-13 概念类图：销售用例

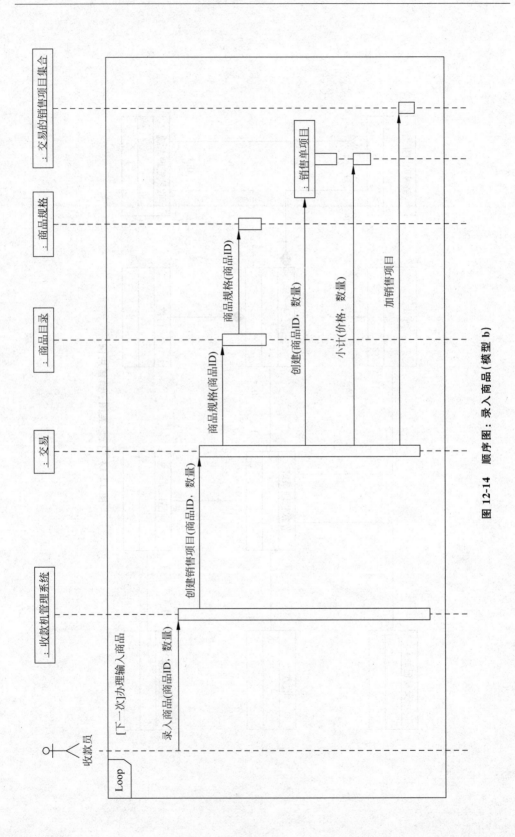

图 12-14 顺序图：录入商品（模型 b）

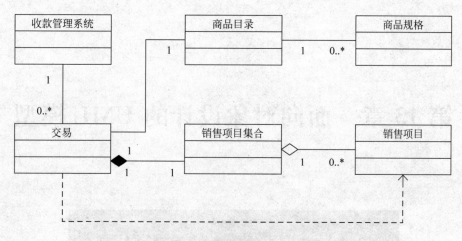

图 12-15 概念类图:录入商品(模型 b)

第 13 章 面向对象设计的 UML 模型

Image courtesy of Nokhoog_buchachon/FreeDigitalPhotos. net

13.1 设计模型和软件的质量问题

分析模型要忠实地反映客户需求,不能把自己的意愿强加到客户需求中,所以,本书强调软件工程师要避免经验对建模的影响。设计模型要在分析模型基础上对软件的质量要求提出最适合的解决方案。这与建立分析模型的理念相反,设计模型的成败完全依赖于软件工程师的开发经验。所以,某种程度上说设计是一种艺术。

如何提高软件质量是属于软件构架知识范畴的问题,目前,被人们广泛关注的软件质量问题有:可靠性(Reliability);有效性(Efficiency);可修改性(Modifiability);可维护性(Maintainability);可重用性(Reusability);可适应性(Adaptability)等。多年来人们已经积累了大量提高软件质量的经验和方法,它们包括:架构框架(architectural frameworks)、设计模式(design patterns)和习惯用法(idioms)。UML设计模型就是在客户需求基础上对这些经验和方法的综合实现。

在第 12 章,如果注意到用例的描述格式,其中非功能性需求(NFR)这一项就是针对用例所提出的质量要求。软件的质量要求不仅来自于用例,而且还来自于系统。用例的质量要求可以在用例的非功能性需求(NFR)项目中进行描述;系统的质量要求则需要用系统质量属性列表描述。以收款机管理系统为例,用例中的付款方式有两种:现金和信用卡,但是未来可能采用更多形式的付款方式,例如,支票、购物券、礼品卡等,所以,每次给系统增加新的付款方式时,都可能涉及重新部署收款机管理系统软件,这严重影响系统的可修改性(Modifiability)。那么如何实现在修改软件系统时无须重新启动整个系统?另外,在销售用例的概念类模型中,系统很可能在运行中创建一个以上数据被修改的商品目录对象,这样不同的收款机终端在查询同样的商品时,由于使用的是不同的对象,终端机可能会得到不同的参数,如何保证商品目录对象在整个系统中是唯一的可分享的对象呢?这涉及的是软件质量中的可靠性(Reliability)问题。

在软件工程中还没有统一的标准格式描述软件的质量要求,所以,本章所使用的描述格式仅供读者参考(见表 13-1)。

表 13-1 收款机管理系统质量要求

质 量 要 求	质量要求来源	质 量 范 畴	解 决 方 法	技 术 方 案
付款方式多样化	销售用例	可修改性	Design Pattern	Factory Method
唯一的属性文件	付款方式多样化	可靠性	Design Pattern	Singleton
唯一的商品目录	销售用例	可靠性	Design Pattern	Singleton

13.2 UML 在设计建模中的应用

在建立设计模型之前,要仔细研究分析模型中的概念类图。其中每个概念类可能都有其特殊的质量要求和解决方案。本章要关注的是"付款"这个概念类的功能和质量的实现问题。根据表 13-1,确定使用 *Design Patterns:Elements of Reusable Object-Oriented Software* 中的 Factory Method 模式来解决付款方式可修改性问题。

该解决方案的设计思路是:①付款概念类 Payment 作为 Factory Method 模式中的 Product 接口(interface)。这样,收款系统在付款时,无论系统后面使用的是哪种付款类型,系统无须改变其付款行为,因为,所有付款种类都使用统一的 Payment 接口,这样就不需要因为新的付款类而修改已有付款类的方法,这也为避免重新启动系统创造了条件。②为了使系统在动态情况下识别新增加的付款类型,需要使用 Java 的映射技术(reflection),系统可以在系统属性文件(properties)中发现新增加的付款类型,并且实时产生相应的付款对象。③为了保证整个系统中付款类型名单的唯一性,采取了 Design Pattern 中的 Singleton 模式来包裹来自系统属性文件的所有付款类型。

13.2.1　Singleton 模式的顺序图模型

顺序图 13-1 描述了用 Singleton 模式如何解决付款属性文件的读取和付款类对象的唯一性问题。在收款机管理系统的概念类图模型中,并不存在 PaymentTypeMap、Properties、BufferredInputStream、FileInputStream 等类,但是为了解决系统质量的可靠性问题,在设计模型中,必须增加这些类。当收款机管理系统获取 PaymentTypeMap 类的对象时,PaymentTypeMap 按照 Singleton 模式的方式产生其对象,图 13-1 描述了 Singleton 模式产生对象的发生顺序。

13.2.2　Factory Method 模式的顺序图模型

顺序图 13-2 描述了 Factory Meth Pattern 如何解决付款类型多样化产生的系统可修改性质量问题。在收款机管理系统的概念类图(图 12-13)模型中只有交易(Sale)和付款(Payment)两个概念类,但是在图 13-2 中可以看到,为了实现 Factory Method Pattern 和实时产生付款类型对象,必须增加 PaymentFactory 和 Java 映射技术(reflection)的 Class 等类。

13.2.3　设计建模的 UML 类图

图 13-3 是在图 12-13 基础上,针对"付款"的质量问题的解决方案。如果对图 12-13 中的所有概念类都提出质量要求,那么可能需要对每个概念类都提出特殊的解决方案,其结果是图 13-3 将会包含更多的类,图中的关联也将会变得更加复杂。所以,本章仅针对"付款"的质量要求建立设计模型。其中有灰色背景的类是直接来自分析模型的概念类图(图 12-13),白色背景的类是按照"付款"设计需求新添加的类。附件 D 提供了针对该设计的完整 Java 程序,供读者参考。

第 13 章 面向对象设计的 UML 模型

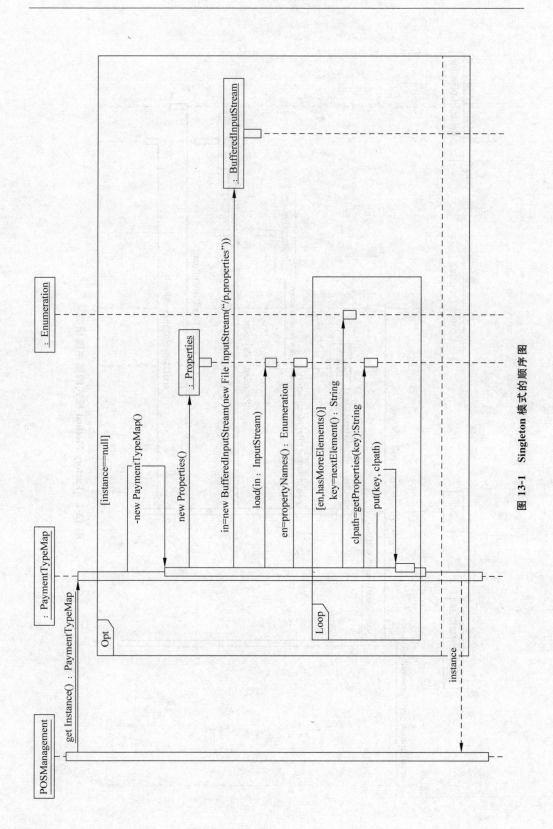

图 13-1 Singleton 模式的顺序图

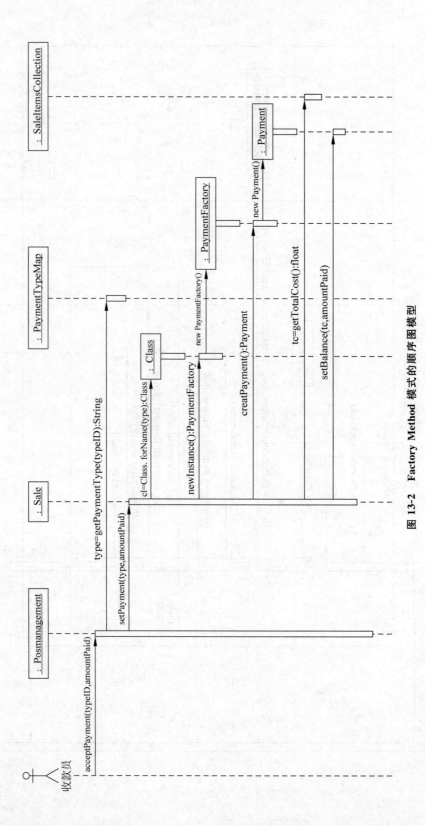

图 13-2 Factory Method 模式的顺序图模型

第13章 面向对象设计的 UML 模型

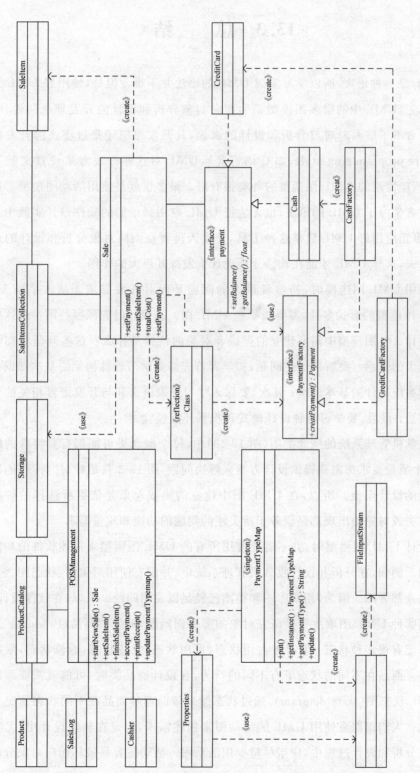

图 13-3 付款设计建模的 UML 类图

13.3 总　　结

UML 是一种语言，所以学习掌握 UML 的语法并不难。但是，使用好 UML 并不容易。首先，UML 中的很多图模型是为面向对象分析和设计的开发理念所设计的。如果开发者不了解面向对象分析和设计的真谛，其开发思想还是过程式的开发模式（procedure programming style，如 C 语言等），UML 对这些开发者来说意义就不大了，他们所能使用的 UML 图模型的种类很有限。最多也就是使用活动图模型。即使这些开发者学习了 UML 的语法，也无法把 UML 应用到他们的软件设计实践中。所以，要想真正应用好 UML 建模这种工具，开发人员要在面向对象分析和设计的理念上下大工夫，这样 UML 才能在软件分析设计上发挥其巨大的作用。

在使用 UML 图建模时，初学者最大的问题是面对开发需求无从入手画 UML 图，UML 图模型的形式多样，需要画哪些 UML 图？在设计时先画哪些图？画这些图的目的是什么？图模型中需要建立的类或者对象的依据是什么？这些问题给初学者带来了极大的困惑。要解决上述问题，初学者首先需要学习软件构架的基本知识和计算机操作系统软件的基本原理；其次，要深入学习开发语言和与开发语言相关的分析和设计方法；最后，要学习各种设计模式和积累开发经验。

在收款机管理系统的概念类图（图 12-13）中，每个概念类可能都有其特殊的质量要求，每个质量要求都需要提供设计方案来解决问题，图 13-3 只是针对"付款"的质量要求做出的设计模型。所以，在 UML 图中建立的类或对象是依据所选择的解决方案。所有类或对象的出现都是服务于所关注的问题的功能和质量需求。

在设计 UML 图模型时，并不需要使用所有的 UML 图模型来描述软件的功能或质量问题。例如，在分析和设计收款机管理系统中，并没有使用对象图、状态图、包图、构建图以及部署图。因为，用顺序图和类图已经足以说明问题。所以，在软件设计时，需要使用哪种 UML 图取决于要研究对象的哪方面问题，例如，"商品（Product）"这个概念类可能有很多种状态：库存被占用状态，可用状态，发货状态，返修状态，限制销售状态等。商品在不同的状态下有不同的行为，在设计商品类时，可能就需要画出商品的 UML 状态图（state diagram），通过状态图来帮助理解商品在不同状态情况下的属性变化。人们很愿意使用 UML 的活动图来描述需求，但是在软件设计中，尤其是面向对象分析和设计过程中，应当尽量少用活动图。活动图容易破坏面向对象分析和设计的分析设计理念。

在面向对象分析和设计进程中，UML 各种图模型之间是否存在关联呢？UML 的各种图模型分别应用于面向对象分析和设计中的不同建模目的，虽然在创建 UML 各种图模型时并没有严格的先后时间次序，但是确实存在着状态的关联。状态图 13-4 描述的是 UML 各种图在面向对象分析和设计活动中的状态变化。

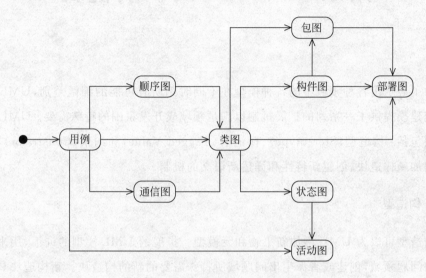

图 13-4　UML 各种图模型之间的状态关联

至此，已经介绍了 UML 建模在面向对象分析和设计中的应用，但是本章案例并没有涉及状态图、包图、构件图和部署图模型的应用。附录 C 提供了一个真实的、全面的企业 ERP 子模块的需求和分析模型，希望读者以附录 C 作为项目基础，把上述图模型应用到附录 C 的设计建模中去。读者可以在附录 C 分析模型基础上发挥自己的创造性，提出合理有效的解决方案。

附录 A UML 的扩展机制

为了表示出各种领域中的各种模型在不同时刻所有可能的细微差别，UML 对特定领域建模提供了一系列的扩展机制以满足领域或开发氛围的特殊需要。UML 的扩展机制包括：构造型(Stereotype)、标记值(Tagged Value)和约束(Constraint)，它们提供增加新构造块、创建新特性和详述新语义的机制。

1. 构造型

构造型可以为 UML 增加新事物和元模型。扩展的 UML 模型的词汇，用来表示特定的问题领域，创建或者派生出问题域所特殊需要的新的构造块。新构造块具有与 UML 的其他模型元素一样的行为和特性。

例如，在 PPS 项目中，经常要对"异常事件"建模。在 Java 语言里，"异常事件"是用特殊方法处理的类，只要用一个适当的构造型来标记这些异常事件，就可以像对待基本构造块一样对待它们。

构造型可以扩展已存在的元模型类的语义，但是不能扩展它的结构。每个构造型都建立在某个模型元素类的基础上。构造型可以声明为可泛化元素，一个构造型也可以从别的构造型具体化而来，子构造型具有父构造型的属性。

构造型是一种虚拟元模型类，它是在模型里增加的而不是修改 UML 的预定义元模型。基于这个原因，新构造型的名称必须不同于存在的 UML 元类、别的构造型或者关键字的名称。任何模型元素最多只能有一个构造型。

2. 构造型的表示法

UML 允许使用文本或者图形的形式来表示构造型。

如果使用文本表示构造型，构造型的名称应该放置在符号"<< >>"中，并把它放在其他的元素名之上。UML 预定义了一些构造型的标准元素，例如本书中用过的

<<create>>、<<derive>>、<<destroyed>>、<<extend>>、<<include>>等。全部UML预定义的构造型的标准元素可以参考 *The Unified Modeling Language User Guide* 一书。

也可以用一种与构造型相联系的新图标表示构造型元素。此时它可以在构造型所基于的基本模型元素的符号里代替或者补充构造型的关键字字符串,或者将整个模型元素符号压缩为一个图标,图标里有元素的名称;也可以把元素的名称放在图标的上面或下面,而将包含在基本模型元素符号里的其他信息省略。

附图 A-1 显示了各种表达构造型的方法。

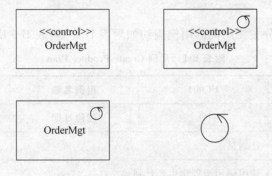

附图 A-1　构造型的各种表示方法

附录 B PPS 项目的部分主要用例的用例规约

PPS 项目的部分主要用例的用例规约如附表 B-1～附表 B-9 所示。

附表 B-1 用例 Create Produce Plan

用例 ID	UC001	用例名称	Create Produce Plan
创建者	KL	创建日期	2007-09-02
参与者	计划员		
用例描述	该用例用于创建生产计划单		
前置条件	无		
基本流	1. 计划员选择要创建的生产计划单 2. 系统提供空白生产计划单 3. 计划员选择订货单号 4. 系统显示订货单中产品的名称和数量 5. 计划员选择订单中计划生产的产品 6. 系统计算预计可用库存量(包含用例) 7. 计划员根据库存量制定产品预计交货日期 8. 系统保存生产计划单,将计划员已经选择的产品的库存数置为已占用		
子流	无		
备选流	7a. 在基本流的第 7 步,如果可用库存量 < 最低库存域值,则: 1. 系统生成采购预警,采购员创建零配件采购合同(扩展用例) 2. 计划员根据零配件采购合同制定产品预计交货日期 否则,继续执行基本流第 7 步		
后置条件	业务员完成生产计划单的创建 库存状态更改		

附表 B-2　用例 Estimate Available Inventory

用例 ID	UC002	用例名称	Estimate Available Inventory
创建者	KL	创建日期	2007-09-02
参与者	计划员		
用例描述	该用例根据公式计算预计可用库存量		
前置条件	计划员选择计算预计可用库存量		
基本流	1. 参与者输入零配件名称 2. 系统根据下列公式计算库存量： 预计可用库存 = 现有库存量－总订单量＋预计入库量＋计划订货量		
子流	无		
备选流	无		
后置条件	无		

附表 B-3　用例 Configurate Product Condition

用例 ID	UC003	用例名称	Configurate Product Condition
创建者	KL	创建日期	2007-09-12
参与者	业务员或客户		
用例描述	该用例用于对产品状态进行配置		
前置条件	无		
基本流	1. 业务员或客户选择产品类型和名称 2. 系统显示用户选择的产品 3. 业务员或客户选择配置 4. 系统显示产品结构树 5. 业务员或客户在产品结构树中选择要配置的产品部件 6. 业务员或客户选择配置状态,配置状态包括： a. 默认为基本配置状态 b. 客户所选状态 c. 业务员所选状态 7. 系统显示步骤 6 中产品在参与者所选部件的所选状态下的所有可选项 8. 业务员或客户选择所需项,提交完成一个部件的选配 9. 重复基本流 4～8 步,直到业务员或客户确定完成所有选配 10. 系统生成最终产品的基本状态		
子流	无		
备选流	无		
后置条件	无		

附表 B-4　用例 Create Order

用例 ID	UC004	用例名称	Create Order
创建者	KL	创建日期	2007-09-13
参与者	业务员		
用例描述	该用例用于创建订单，是创建整车和零配件销售订货单用例的泛化		
前置条件	无		
基本流	1. 业务员选择要创建的订单 2. 系统提供空白订单 3. 业务员输入客户信息 4. 业务员选择产品销售方式 5. 业务员填写需求数量 6. 系统显示产品价格并且合计总价 7. 重复基本流 5～6 步，直到业务员确定产品选择完成 8. 系统显示最终总价 9. 业务员提交订单 10. 系统产生新的销售订单		
子流	无		
备选流	4a. 在基本流的第 4 步，如果客户对该产品有新需求，则业务员填写客户新需求的描述信息；业务员确认后返回基本流第 5 步		
后置条件	产品订单被创建，订单状态设置成新建		

附表 B-5　用例 Create Wholesale Order

用例 ID	UC005	用例名称	Create Wholesale Order
创建者	KL	创建日期	2007-09-02
参与者	业务员		
用例描述	该用例用于创建整车销售订货单，发生在用例 Create Order（表 B-4）基本流的第 4 步		
前置条件	无		
基本流	无		
子流	S1. 选择产品销售方式 1. 业务员选择创建整车销售订货单 2. 系统显示该产品的可选配置信息 3. 业务员配置产品状态（包含用例） 4. 业务员填写整车订单号、交货日期、送货地点 5. 返回父用例基本流第 5 步		
备选流	4a. 在子流的第 4 步，如果该车需要赠送配件，根据车型 BOM 从零件库中选择需要的配件；系统合计所选择的配件，返回子流第 5 步		
后置条件	整车销售订货单被创建		

附表 B-6 用例 Create Retail Order

用例 ID	UC006	用例名称	Create Retail Order
创建者	KL	创建日期	2007-09-02
参与者	业务员		
用例描述	该用例用于创建零配件销售订货单,发生在用例 Create Order(表 B-4)基本流的第 4 步		
前置条件	无		
基本流	无		
子流	S1. 选择产品销售方式 1. 业务员选择零配件销售订货单 2. 返回父用例基本流第 5 步		
备选流	4a. 在子流的第 4 步,如果该车需要赠送配件,根据车型 BOM 从零件库中选择需要的配件;系统合计所选择的配件,返回子流第 5 步		
后置条件	零配件销售订货单被创建		

附表 B-7 用例 Create Order by Hand

用例 ID	UC007	用例名称	Create Order by Hand
创建者	KL	创建日期	2007-09-02
参与者	业务员		
用例描述	该用例用于手工创建订单		
前置条件	无		
基本流	1. 业务员选择客户 2. 系统查询出客户所属国家及其代码 3. 业务员选择客户需要的某一个产品 4. 系统列出该产品的可选配置信息 5. 业务员根据客户需求配置可选配置信息并填写相应的需求数量 6. 系统记录业务员所选的产品 7. 业务员填写整车订单号、交货日期、送货地点 8. 系统显示物流需求信息 9. 业务员提交订单 10. 系统显示订单详细信息和提供车架号 11. 业务员制定车架号 12. 系统审查车架号 13. 业务员确认订单信息无误后,提交订单		
子流	无		
备选流	5a. 如果客户对该产品有新需求,则业务员填写客户新需求的描述信息;确认无误后返回基本流第 5 步 7a. 如果该车需要赠送配件,根据车型 BOM 从零件库中选择需要的配件;系统合计所选择的配件		
后置条件	订单被创建,订单状态设为新建		

附表 B-8 用例 Create Enquiry

用例 ID	UC008	用例名称	Create Enquiry
创建者	KL	创建日期	2007-09-02
参与者	客户		
用例描述	该用例用于创建整车询价单		
前置条件	无		
基本流	1. 客户单击创建询价单 2. 系统提供空白询价单 3. 客户配置产品状态(包含用例)并填入数量 4. 系统显示最终询价产品的目录 5. 客户选择确定 6. 系统产生询价单		
子流	无		
备选流	无		
扩展点	无		
后置条件	无		

附表 B-9 用例 Create Purchase Contract

用例 ID	UC009	用例名称	Create Purchase Contract
创建者	KL	创建日期	2007-09-02
参与者	采购员		
用例描述	该用例用于创建零配件采购合同		
前置条件	无		
基本流	1. 采购员单击创建采购合同 2. 系统提供空白采购合同 3. 采购员选择供应商 4. 系统显示采购员所选供应商提供的零配件 5. 采购员选择采购零配件,填写采购数量、到货的时间等信息 6. 系统显示是否确定 7. 采购员确定 8. 系统生成采购合同		
子流	无		
备选流	无		
后置条件	零配件采购合同被创建,采购合同状态设为新建		

附录C 某离散性制造装配公司的客户端应用

一、企业需求背景介绍

按生产工艺特征可将制造业划分为离散型制造业和流程型制造业。离散型的特点是产品由许多零部件组成,零部件的加工装配过程是彼此独立的,制成的零件通过部件装配和总装配,最终成为成品。机械制造、电子设备制造行业的生产过程均属于这一类型。

某公司是典型的离散型制造业,其产品个性化强,产品结构复杂,生产周期长。为了让客户及时地掌握每个订单的生产进度,在复杂的技术条件下提供准确的产品需求和质量反馈,公司决定为其所有客户提供客户端应用系统。

客户端应用系统有三个方面的主要需求:①订单查询,系统可以提供实时数据,能及时掌握所有订单的排产情况;②询价,因为产品结构特别复杂,个性化又特别强,系统可以提供完善的产品参数体系,之前客户都是通过电话、电传来表述所需要的产品,往往容易忽略一些特定的参数,对后面的产品定型和生产带来一些不必要的麻烦;③质量问题反馈,在当今日趋激烈的市场中,提高服务质量是企业的核心任务。客户通过应用系统直接对问题进行反馈,不仅能够提高问题反馈效率,也能提高企业的服务质量。

二、项目要求

(1) 根据附录C所提供的用例,鼓励学生针对用例的实际情况提出创意性的非功能性需求,即质量要求(可靠性、易用性、可修改性、可维护性、可重用性、可适应性等)。

（2）根据学生所提出的质量需求，在附录 C 的顺序图和概念类图的基础上尽量使用开源框架或设计模式，建立设计模型：类图，状态图，包图，部署图。

（3）由于开发人员所使用的软硬件环境和技术差异，项目允许学生的设计结果是多样化的，因为设计也是艺术。

三、客户端应用项目的主要用例

1. 客户端应用——用例图（use case diagram）

客户应用管理系统用例图如附图 C-1 所示。

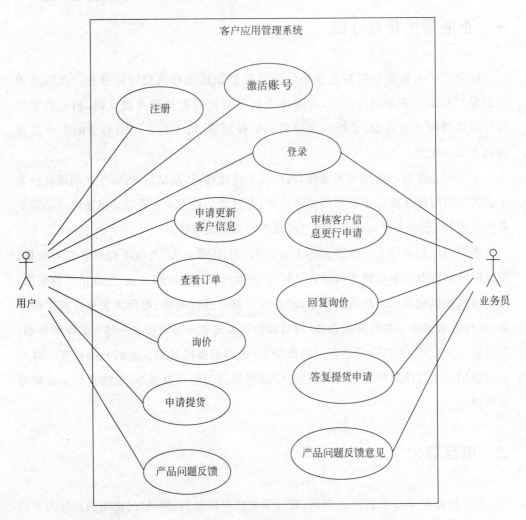

附图 C-1　客户应用管理系统用例图

2. 客户端应用——用例描述

(1) 申请更新客户信息——用例描述：用户可使用该功能提出修改申请，用于更新所属客户在我公司 ERP 系统中注册的基本信息。

用例编号	UC-001	
用例名	申请更新客户信息	
作者及创建日期	--- 2013-03-12	
修改人及修改日期	--- 2013-03-25	
主要参与者	用户	
简要描述	该用例用于用户申请更新所属客户在我公司 ERP 系统中注册的基本信息	
前置条件	用户成功登录客户应用管理系统	
	参与者的活动	**系统的响应**
基本流(Basic Flow)	1. 用户申请更新客户信息；	2. 系统显示该用户所属客户的客户信息表单(表单信息有：公司名称、公司总部地址、公司网址、公司电话、开户银行、银行账号、税号、法人、经营部地址、经营年限以及客户联系人信息)；
	2. 用户修改信息；	
	3. 用户提交申请	4. 系统提示提交成功
分支流(Sub Flow)		
后置条件	提交客户信息变更申请成功	
异常(Exception)		
非功能性需求(NFR)		
领域(Domain)	客户应用管理系统	

(2) 审核客户信息更新申请——用例描述。

用例编号	UC-002
用例名	审核客户信息更新申请
创建人及创建日期	--- 2013-03-25
修改人及修改日期	
主要参与者	业务员
简要描述	该用例用于业务员审核用户提交的客户信息更新申请单，通过核实变更信息的正确性决定是否同意客户变更客户信息的请求
前置条件	用户成功登录客户应用管理系统

	参与者的活动	系统的响应
基本流(Basic Flow)	1. 业务员打开客户信息变更申请表； 3. 业务员填写审核原因，同意变更客户信息； 4. 业务员提交审核； S1. 业务员驳回客户信息变更申请，执行分支流 S1	2. 系统显示申请变更的客户信息及审核要求表单； 5. 系统提示审核通过，客户信息变更成功
分支流(Sub Flow)	S1. 业务员驳回客户信息变更申请： 　S1.1 业务员填写审核原因，不同意变更客户信息； 　S1.2 业务员提交审核意见	S1.3 系统提示审核不通过，客户信息变更失败
后置条件	客户信息更新成功	
异常(Exception)		
非功能性需求(NFR)		
领域(Domain)	客户应用管理系统	

（3）询价——用例描述：该功能实际上是收集客户的购买需求，也可称为客户电机采购解决方案。客户先选择行业，选择提供的产品参数类型，并填写产品参数值，然后提交询价；业务员根据客户提交的产品参数，对满足条件的所有产品给予售价回复，双方可就此进行反复交谈。

用例编号	UC-003
用例名	询价
作者及创建日期	--- 2013-03-12
修改人及修改日期	--- 2013-03-25
主要参与者	用户
简要描述	该用例用于用户根据我公司提供的产品参数对相关的产品进行询价，或者通过历史订单中的产品进行询价
前置条件	用户已成功登录客户应用管理系统

续表

	参与者的活动	系统的响应
基本流(Basic Flow)	1. 用户开始询价(默认对新产品进行询价); S1. 用户通过已购产品询价,执行分支流 S1; 3. 用户填写询价单基本信息(询价单号、需求日期等); 4. 用户选择行业; 5. 用户选择并填写产品参数; 6. 用户提交询价	2. 系统显示询价表单(内容包括:所有行业列表、产品参数列表); 7. 系统提示询价成功
分支流(Sub Flow)	S1. 用户通过已购产品询价: 　S1.1 用户选择已购产品询价; 　S1.3 用户填写询价基本信息(询价单号、需求日期、询价备注等); 　S1.4 用户选择询价产品; 　S1.5 用户提交询价单	S1.2 系统查询并显示该用户所属客户的所有订单的产品; S1.6 系统提示询价成功
后置条件	生成询价单,用户询价成功	
异常(Exception)		
非功能性需求(NFR)		
领域(Domain)	客户应用管理系统	

(4) 回复询价——用例描述。

用例编号	UC-004
用例名	回复询价
作者及创建日期	--- 2013-03-25
修改人及修改日期	
主要参与者	业务员
简要描述	该用例用于业务员根据询价单给予客户回复,回复的内容包括满足用户需求的相关产品的详细介绍以及售价

前置条件	1. 业务员已成功登录客户应用管理系统 2. 存在询价单

	参与者的活动	系统的响应
基本流（Basic Flow）	1. 业务员开始回复用户询价； 　S1.业务员回复用户的已有订单产品询价，则执行分支流 S1。 2. 业务员针对每个产品填写价格和备注等信息； 3. 业务员提交回复	2. 系统显示用户询价单，并且在询价单中，系统根据用户提供的产品参数查询显示产品系列列表； 4. 系统提示回复询价成功
分支流（Sub Flow）	S1.业务员回复用户的已有订单产品询价： 　S1.1 业务员回复用户已有订单询价； 　S1.3 业务员针对每个产品填写价格和备注等信息； 　S1.4 业务员提交回复	 S1.2 系统显示用户询价单； S1.5 系统提示回复询价成功
后置条件	询价回复成功，修改询价单的状态为已回复	
异常（Exception）		
非功能性需求（NFR）		
领域（Domain）	客户应用管理系统	

（5）查看订单——用例描述。

用例编号	UC-005
用例名	查看订单
作者及创建日期	--- 2013-03-13
修改人及修改日期	--- 2013-03-25
主要参与者	用户
简要描述	该用例用于用户查看所属客户的订单以及订单中产品的排产、入库和发货等信息，方便用户了解订单的进展情况
前置条件	1. 用户成功登录客户应用管理系统 2. 系统中存在该用户所在客户的订单

	参与者的活动	系统的响应
基本流（Basic Flow）	1. 用户开始查看订单； 　S1.用户查询订单产品，则执行分支流 S1； 　S2.用户根据输入条件对订单进行筛选，则执行分支流 S2；	2. 系统根据登录用户的信息以订单为单位显示其所属公司的所有订单（显示信息有：订单号、签订日期、交货日期、合同数量、已交货数量、排产状态、入库状态、发货状态）

分支流(Sub Flow)	S1.用户查询订单产品： 　S1.1 用户查询订单产品； S2.用户输入条件对订单进行筛选： 　S2.1 用户输入筛选条件（订单号、签订日期、交货日期、排产状态、入库状态、发货状态）筛选订单	S1.2 系统根据登录用户的信息，查询并以产品为单位显示其所属客户的所有订单（内容包括：订单号、产品名称、规格型号、产品数量、已提货数量、是否排产、是否入库、是否发货等信息）。 S2.2 系统根据筛选条件，查询并显示满足条件的订单
后置条件		
异常(Exception)		
非功能性需求(NFR)		
领域(Domain)		
查看订单		

(6) 申请提货——用例描述：对于订单中已入库的产品，客户可通过该功能向我公司申请提货。

用例编号	UC-006	
用例名	申请提货	
作者及创建日期	--- 2013-03-13	
修改人及修改日期	--- 2013-03-25	
主要参与者	用户	
简要描述	该用例用于用户对订单中已生产好的产品进行提货申请，说明提货数量、提货日期、提货方式、运输商信息等	
前置条件	订单中的产品已入库且未发货	
基本流(Basic Flow)	**参与者的活动** 1. 用户申请提货； 3. 用户选择要提货的产品，输入提货数量，输入预提货日期、提货方式、运输商等信息； 4. 用户提交申请单	**系统的响应** 2. 系统查询已入库且未发货的订单及产品信息，显示申请提货表单； S1.若不存在满足条件的订单，则执行分支流 S1； 5. 系统提示创建申请单成功
分支流(Sub Flow)	S1.不存在满足条件的订单	S1.1 系统显示没有符合条件的记录，不可提货
后置条件	生成提货申请单	
异常(Exception)		
非功能性需求(NFR)		
领域(Domain)	客户应用管理系统	

(7) 答复提货申请——用例描述。

用例编号	UC-007
用例名	答复提货申请
创建人及创建日期	--- 2013-03-13
修改人及修改日期	--- 2013-03-25
主要参与者	业务员
简要描述	该用例用于业务员根据提货申请及我公司当前的库存现状给予客户提货回复，说明是否可以按客户的要求进行提货
前置条件	已生成提货申请单
基本流（Basic Flow）	**参与者的活动** 1. 业务员开始答复提货申请； 3. 业务员选择某一个申请单进行回复； 5. 业务员填写可提货的数量等提货意见； 6. 业务员提交回复，则执行分支流 S1	**系统的响应** 2. 系统查询所有提货申请单并显示； 4. 系统查询并显示提货申请表单； 7. 系统提示回复成功
分支流（Sub Flow）	
后置条件	无
异常（Exception）	
非功能性需求（NFR）	
领域（Domain）	客户应用管理系统

(8) 产品问题反馈——用例描述：通过该功能，客户可以通过网络将产品的故障问题比较清楚地反馈给我公司售后人员，并可与我公司业务员进行反复的沟通交流，通过网络得到问题的初步解决方案。

用例编号	UC-008
用例名	产品问题反馈
作者及创建日期	--- 2013-03-15
修改人及修改日期	--- 2013-03-25
主要参与者	用户
简要描述	该用例用于用户通过网络反馈产品的故障问题
前置条件	用户成功登录客户应用管理系统
基本流（Basic Flow）	**参与者的活动** 1. 用户选择订单产品反馈产品问题（默认）； S1. 用户选择填写铭牌数据反馈产品故障，则执行分支流 S1； 3. 用户选择出现故障的产品； 5. 用户填写问题描述并提交	**系统的响应** 2. 系统显示该登录用户所属客户的所有产品； 4. 系统显示问题反馈表单； 6. 系统提示问题反馈成功

		续表
分支流(Sub Flow)	S1. 用户选择通过铭牌反馈产品问题： S1.1 用户选择通过铭牌反馈产品问题； S1.3 用户填写规格型号、额定功率、额定电压、出厂时间、出厂编号等铭牌数据，以及发票号、开票日期、问题描述等信息； S1.4 用户提交问题反馈单	S1.2 系统显示问题反馈表单； S1.5 系统提示问题反馈成功
后置条件	系统生成问题反馈单，用户反馈产品问题成功	
异常(Exception)		
非功能性需求(NFR)		
领域(Domain)	客户应用管理系统	

（9）产品问题反馈意见——用例描述：通过该功能，客户可以在网上就故障产品的问题与我公司业务员进行交流，并得到问题的初步解决方案；客户还可以通过该功能查看历史问题反馈情况。

用例编号	UC-009	
用例名	产品问题反馈意见	
作者及创建日期	--- 2013-03-15	
修改人及修改日期	--- 2013-03-25	
主要参与者	业务员	
简要描述	该用例用于业务员核实客户反馈的产品故障问题，并给出初步解决方法	
前置条件	用户成功登录客户应用管理系统	
基本流(Basic Flow)	参与者的活动 1. 业务员开始处理客户反馈的问题； 3. 业务员填写故障处理意见； 4. 业务员确认提交反馈意见	系统的响应 2. 系统显示问题反馈表单； 5. 系统提示提交反馈意见成功
分支流(Sub Flow)		
后置条件	问题反馈单的回复状态设置为已回复	
异常(Exception)		
非功能性需求(NFR)		
领域(Domain)	客户应用管理系统	

3．客户端应用——顺序图(sequence diagram)

客户端各用例顺序图如附图 C-2～附图 C-11 所示。

4．客户端应用——类图(class diagram)

客户端应用的类图如附图 C-12 和附图 C-13 所示。

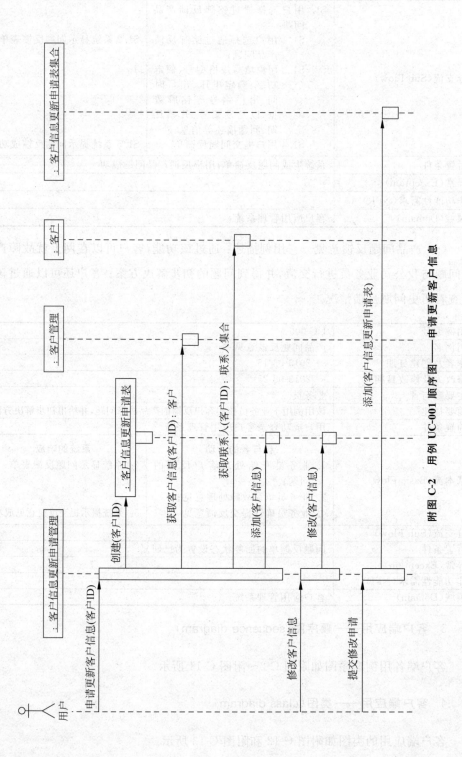

附图 C-2 用例 UC-001 顺序图——申请更新客户信息

附录C 某离散性制造装配公司的客户端应用

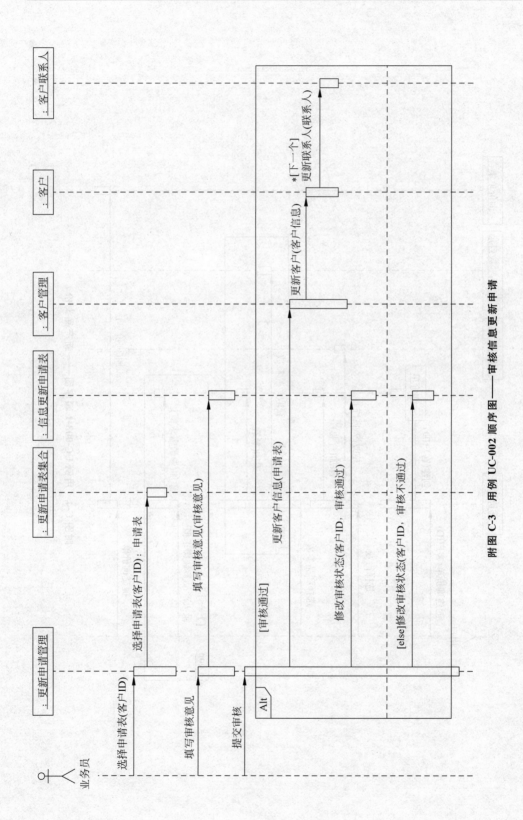

附图 C-3 用例 UC-002 顺序图——审核信息更新申请

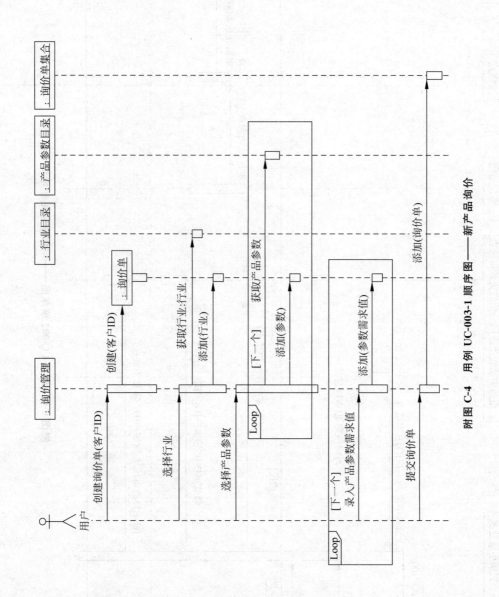

附图 C-4 用例 UC-003-1 顺序图——新产品询价

附录 C 某离散性制造装配公司的客户端应用 171

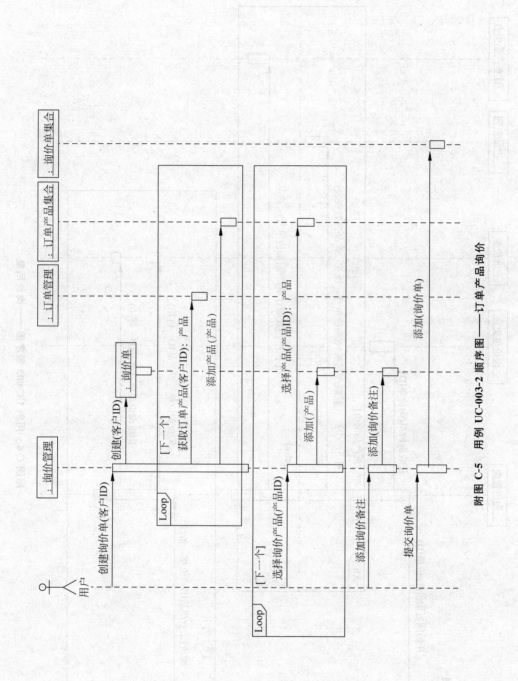

附图 C-5 用例 UC-003-2 顺序图——订单产品询价

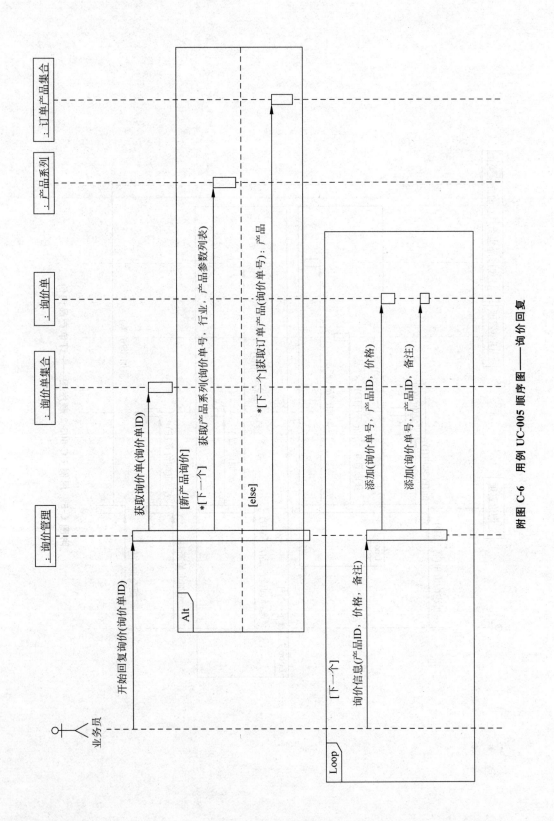

附图 C-6　用例 UC-005 顺序图——询价回复

附录 C　某离散性制造装配公司的客户端应用　173

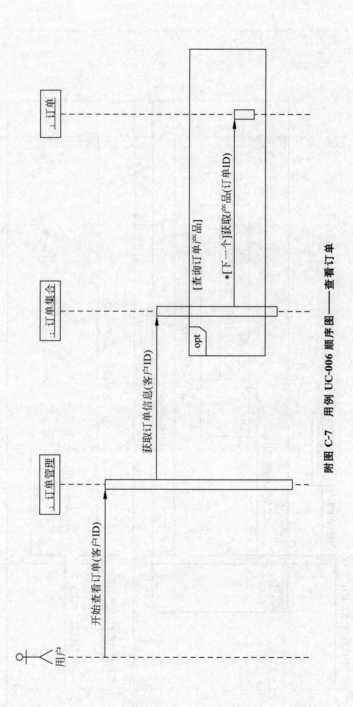

附图 C-7　用例 UC-006 顺序图——查看订单

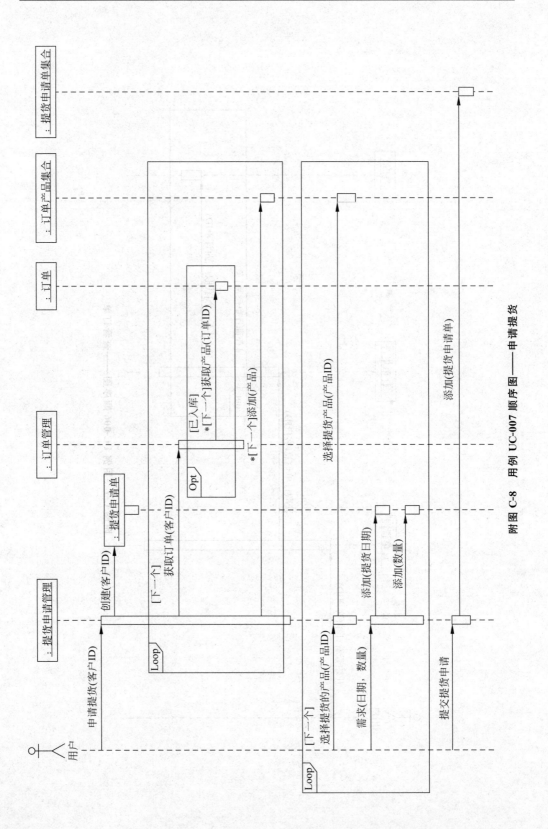

附图 C-8 用例 UC-007 顺序图——申请提货

附录 C 某离散性制造装配公司的客户端应用 175

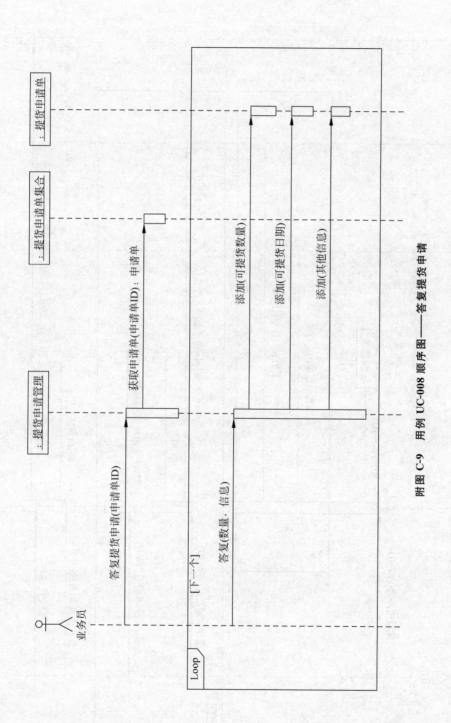

附图 C-9 用例 UC-008 顺序图——答复提货申请

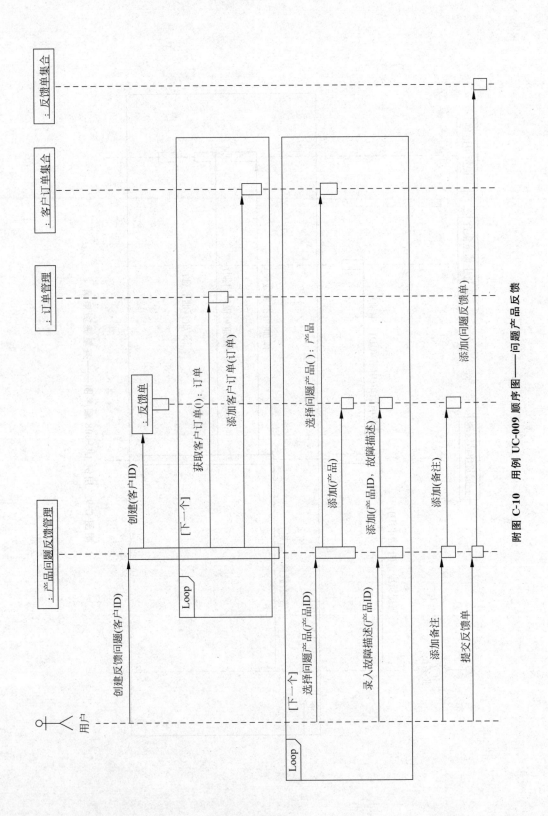

附图 C-10 用例 UC-009 顺序图——问题产品反馈

附录 C 某离散性制造装配公司的客户端应用

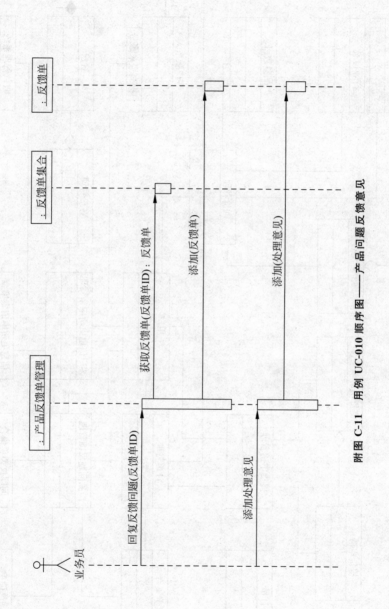

附图 C-11 用例 UC-010 顺序图——产品问题反馈意见

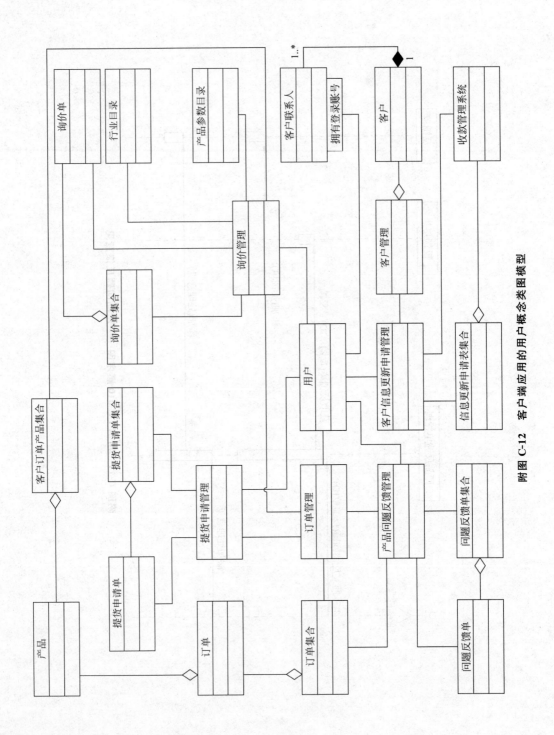

附图 C-12 客户端应用的用户概念类图模型

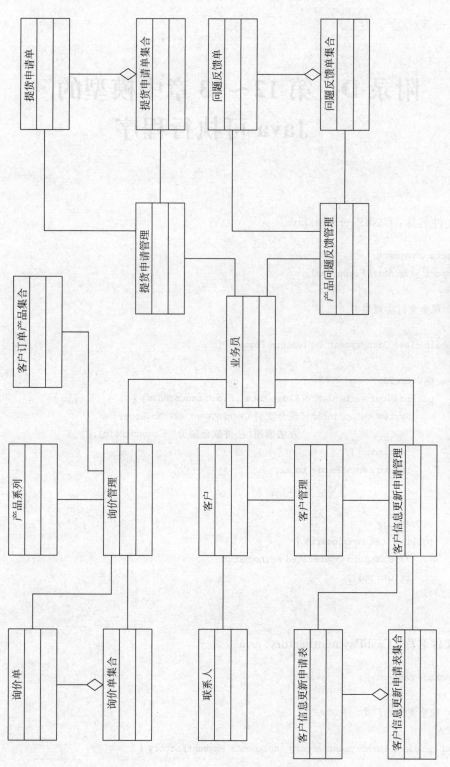

附图 C-13 客户端应用的业务员概念类图模型

附录 D 第 12～13 章中模型的 Java 可执行程序

文件名称：CashPayment.java

```java
package payment;
import java.math.BigDecimal;
/**
 * 现金支付实现类
 */
public class CashPayment implements Payment {

    @Override
    public Float setBanlance(Float total,Float amountPaid) {
        System.out.println("现金支付 CashPayment setBanlance()
                            方法调用!已付款金额为" + amountPaid);
        remainder();
        return amountPaid - total;
    }

    @Override
    public Float remainder() {
        // TODO Auto - generated method stub
        return null;
    }
}
```

文件名称：CashPaymentFactory.java

```java
package payment;
/**
 * 现金支付工厂类
 */
public class CashPaymentFactory implements PaymentFactory {
```

```java
    @Override
    public Payment createPayment() {
        System.out.println("调用现金支付工厂类 CashPaymentFactory,"
                        + "创建现金支付 CashPayment 实例!");
        return new CashPayment();
    }
}
```

文件名称：CreditCard.java

```java
package payment;
import java.math.BigDecimal;
/**
 * 信用卡方式实现类
 */
public class CreditCard implements Payment {

    @Override
    public Float setBanlance(Float total,Float amountPaid) {
        System.out.println("CreditCard 信用卡支付 setBanlance()方法调用!"
                        + "已付款金额为" + amountPaid);
        remainder();
        return amountPaid - total;
    }

    @Override
    public Float remainder() {
        // TODO Auto-generated method stub
        return null;
    }
}
```

文件名称：CreditCardFactory.java

```java
package payment;
/**
 * 信用卡支付工厂类
 */
public class CreditCardFactory implements PaymentFactory {

    @Override
    public Payment createPayment() {
        System.out.println("调用信用卡支付工厂类 CreditCardFactory,
```

创建信用卡支付 CreditCard 实例!");
        return new CreditCard();
    }
}
```

**文件名称：Payment.java**

```
package payment;
import java.math.BigDecimal;
/**
 * 支付方式接口
 */
public interface Payment {
    public void setBanlance(Float total,Float amountPaid);
    public float getBanlance();
}
```

文件名称：PaymentFactory.java

```
package payment;
/**
 * 支付方式工厂接口
 */
public interface PaymentFactory {
    public Payment createPayment();
}
```

文件名称：Payment.properties

```
cash = payment.CashPaymentFactory
creditCard = payment.CreditCardFactory
```

文件名称：SalesItemCollection.java

```
package payment;
import java.util.List;

public class SalesItemCollection {
    Float totalCost = 0.0f;
    public Float getTotalCost(){
        System.out.println("调用 SalesItemCollection 的 getTotalCost()方法.");
        return totalCost;
    }
}
```
```

文件名称：PaymentTypeMap.java

```java
package payment;
import java.io.BufferedInputStream;
import java.io.FileInputStream;
import java.io.InputStream;
import java.util.Enumeration;
import java.util.HashMap;
import java.util.Properties;
/**
 * 付款方式 singleton 类
 */
public class PaymentTypeMap extends HashMap<String,String>{

    private static PaymentTypeMap INSTANCE = null;
    private PaymentTypeMap() {
        Properties props = new Properties();
      try { InputStream in = new BufferedInputStream(new FileInputStream(
                            "D:/java/payment/payment.properties"));
            props.load(in);
            //付款方式集合
            Enumeration en = props.propertyNames();
            while (en.hasMoreElements()) {
                String key = (String) en.nextElement();
                String property = props.getProperty(key);
                put(key,property);
            }
        } catch (Exception e) {
            e.getStackTrace();
        }
    }

    public static synchronized PaymentTypeMap getInstance() {
        if(INSTANCE == null){
        INSTANCE = new PaymentTypeMap();
        }
        return INSTANCE;
    }
    public static void update(){
        INSTANCE = null;
        getInstance();
    }
}
```

文件名称：POSManagement.java 第一页

```java
package payment;
import java.io.BufferedReader;
import java.io.IOException;
import java.io.InputStreamReader;
import java.util.Iterator;
import java.util.Set;
/**
 * 收款机管理系统类
 */
public class POSManagement {
    private PaymentTypeMap paymentTypeMap = PaymentTypeMap.getInstance();
    private Sales sales;
    /**
     * 更新付款类型
     */
    public void updatePaymentTypeMap(){
        PaymentTypeMap.update();
    }
    /**
     * 收款
     */
    public void acceptPayment(String typeKey,Float amountPaid){
        //根据typeKey得到PaymentType 可以直接使用get方法获得
        String type = paymentTypeMap.get(typeKey);
        sales.setPayment(type, amountPaid);
    }
    /**
     * 启动新交易
     */
    public void startNewSales(){
        sales = new Sales();
    }

    public static void main(String[] args){
        //测试参数
        String typeKey;
        Float amountPaid;
        POSManagement management = new POSManagement();
        try {
            while(true){
                System.out.println("更新系统?(Y/N)");
```

//从控制台接收用户输入

文件名称：POSManagement.java 第二页

```java
            InputStreamReader reader_1 = new InputStreamReader(System.in);
            String str1 = new BufferedReader(reader_1).readLine();
            //如果输入Y/y则更新系统付款类型
            if("Y".equals(str1.toUpperCase())){
             management.updatePaymentTypeMap();
            }
            System.out.println("开始新交易?(Y/N)");
            //从控制台接收用户输入
            InputStreamReader is_reader = new InputStreamReader(System.in);
            String str = new BufferedReader(is_reader).readLine();
            //如果输入Y/y则创建新交易实例,选择交易方式
            if("Y".equals(str.toUpperCase())){
                management.startNewSales();
                //展示付款方式列表
                PaymentTypeMap paymentTypeMap = management.paymentTypeMap;
                System.out.println("Key\tValue");
                Set<String> typeKeySet = paymentTypeMap.keySet();
                Iterator<String> it = typeKeySet.iterator();
                while(it.hasNext()) {
                    String key = it.next();
                    //付款配置文件中的内容显示
                    System.out.println(key + "\t" + paymentTypeMap.get(key));
                }
                //输入选择的付款方式
                System.out.println("请从上面所列的付款方式中选择,付款方式Key");
                is_reader = new InputStreamReader(System.in);
                typeKey = new BufferedReader(is_reader).readLine();
                //输入已付款
                System.out.println("请输入已付款金额:");
                is_reader = new InputStreamReader(System.in);
                amountPaid = Float.valueOf(new BufferedReader(is_reader).readLine());
                management.acceptPayment(typeKey, amountPaid);
            }else{
                break;
            }
        }
    } catch (IOException e) {
        // TODO Auto-generated catch block
        e.printStackTrace();
```

        }
    }
}

文件名称：Sales.java

```java
package payment;
import java.io.BufferedInputStream;
import java.io.FileInputStream;
import java.io.InputStream;
import java.util.ArrayList;
import java.util.Enumeration;
import java.util.List;
import java.util.Properties;

public class Sales {
    private SalesItemCollection salesItemCollection = new SalesItemCollection();
    private Payment payment;
    public void setPayment(String type,Float amountPaid){
        try {
            Class cl = Class.forName(type);
            PaymentFactory paymentFactory = (PaymentFactory) cl.newInstance();
             //创建支付方式对象
            payment = paymentFactory.createPayment();
            Float total = salesItemCollection.getTotalCost();
            payment.setBanlance(total,amountPaid);
        } catch (Exception e) {
            e.printStackTrace();
        }
    }
}
```

术语英汉对照表

A

abstract class(抽象类)
abstract method(抽象方法)
abstract(抽象)
abstraction(抽象)
access(访问)
action expression(动作表达式)
action(动作)
activation bar(活动条)
activation(激活)
activity diagram(活动图)
activity edge(活动边)
activity expression(活动表达式)
activity final nodes(活动结束节点)
activity nodes(活动节点)
activity partitions(活动划分)
activity(活动)
actor(参与者)
adaptability(可适应性)
agile process(敏捷过程)
aggregation(聚合)
alternative flows(备选流)
analysis(分析)
anonymous object(匿名对象)
Architecture Design Languages(体系结构描述语言,ADL)
argument(参量)
artifact(制品)

artifacts instance(制品实例)
assembly connector(组装连接器)
association class(关联类)
association(关联)
asynchronous Message(异步消息)
asynchronous(异步)
attribute(属性)

B

base class(基类)
base use case(基用例)
behavior(行为)
binding(绑定)
boolean expression(布尔表达式)
boolean(布尔型)
business processes(业务过程)

C

call(调用)
call event(调用事件)
call self message(自我调用消息)
change event(变化事件)
child use case(子用例)
class attribute(类属性)
class diagram(类图)
class name(类名)
class operation(类操作)
class(类)
classifier(类元)
client(客户)

cohesion(内聚)
collaboration diagram(协作图)
collaboration(协作)
Common Warehouse Meta model(公共仓库元模型,CWM)
communication diagram(通信图)
communication path(通信路径)
communication(通信)
Component Based Development(基于构件的开发,CBD)
component diagram(构件图)
component(构件)
composite state(复合状态)
compound conditions(复合条件)
Computation Independent Model(计算无关模型,CIM)
concrete class(具体类)
concurrency(并发)
concurrent message(并发消息)
concurrent composite state(并发组成状态)
condition(条件)
connector(连接器)
constraint(约束)
construction(构造)
constructor(构造器)
context(上下文;语境)
contract(合同)
control flow(控制流)
control information(控制信息)
control node(控制节点)
coupling(耦合)
create(创建)

D

decision node(判断节点)
decision(判断)
default(默认值)
delegation connector(代理连接器)
delegation(委托)

dependency(依赖)
deploy(部署)
deployment diagram(部署图)
deployment specification(部署规约)
derive(派生)
derived attribute(导出属性)
derived class(派生类)
derived element(派生元素)
design(设计)
design model(设计模型)
design patterns(设计模式)
destroy(销毁)
destruction(销毁)
development process(开发过程)
device(设备)
diagram(图)
direction(方向)
domain expert(领域专家)
domain(问题域)

E

edge(边)
efficiency(有效性)
element(元素)
entry activity(入口活动)
event(事件)
exception(异常)
execution environment(执行环境)
execution occurrence(执行发生)
execution state(执行状态)
exit activity(出口活动)
expression(表达式)
extend use case(扩展用例)
extend(扩展)
extension point(扩展点)
Extreme Programming(极限编程,XP)

F

filled arrow(实箭头)
final node(结束节点)

final state(终止状态)
flag(标志)
flow(流)
fork node(分叉节点)
fork(叉子)
found message(无触发对象消息)
fragments(片断)
framework(框架)
friend(友元)

G

generalization(泛化)
generic class(一般类)
graphical notation(图形符号)
guard(警戒)

H

history state(历史状态)

I

identity(标识)
idioms(习惯用法)
implementation(实现)
implementations(实施)
import(导入)
include(包含)
inclusion use case(包含用例)
inherit(继承)
inheritance(继承)
initial node(初始节点)
initial state(初始状态)
initial value(初始值)
initialization(初始化)
in-out parameter(输入输出参数)
input pin(输入栓)
instance(实例)
instantiate(实例化)
interaction diagram(交互图)
interaction fragment(交互片断)
interaction frames(交互框)
interaction overview diagram(交互综合图)

interaction(交互)
interface(接口)
internal activity(内部活动)
internal structure(内部结构)
iteration(迭代)

J

join node(结合节点)
junction state(结合状态)

L

label(标签)
leaf class(叶子类)
lifeline(生命线)
link(链)
list(列表)
lollipop(棒棒糖)
loop(循环)
loose coupling(松耦合)
lost message(无接收对象消息)

M

maintainability(可维护性)
manifestation(显现)
many(多)
member(成员)
merge(合并)
message(消息)
metaclass(元类)
metamodel(元模型)
Meta Object Facility(元对象机制,MOF)
method(方法)
model(模型)
model element(模型元素)
Model Driven Architecture(模型驱动的软件构架)
modifiability(可修改性)
multiple Inheritance(多重继承)
multiplicity(多重性)

N

name conflict(命名冲突)

name(名字)
namespace(命名空间)
navigability(导航性)
nested message(嵌套消息)
node(节点)
note(注解)

O

object constraint language(对象约束语言)
object creation message(对象创建消息)
object destruction message(对象销毁消息)
object diagram(对象图)
object flow(对象流)
object lifeline(对象生命线)
Object Management Group(对象管理组,OMG)
Object Model Technology(对象建模技术,OMT)
object nodes(对象节点)
object(对象)
Object Oriented Analysis and Design(面向对象分析和设计,OOAD)
Object Oriented Software Engineering(面向对象软件工程,OOSE)
open arrow(开箭头)
operation(操作)
operator(操作符)
optional(可选的)
out parameter(输出参数)
output pin(输出栓)

P

package diagram(包图)
package visibility(包可见性)
package(包)
packageable element(可打包元素)
parallel(并行)
parameter list(参数列表)
parameter nodes(参数节点)
parameter(参数)
parent use case(父用例)

participates(参与)
path(路径)
permission(授权)
pin(栓)
Platform Independent Model(平台无关模型,PIM)
Platform Specific Model(平台特定模型,PSM)
port(端口)
postcondition(后置条件)
precondition(前置条件)
private(私有)
problem domain model(问题域模型)
property string(属性字符)
property(特性)
protected(受保护)
provided interface(供接口)
public(公有)

Q

qualified association(限定关联)
qualifier(限定符)

R

Rational Unified Process(Rational 统一过程,RUP)
read only(只读)
real time(实时)
realization(实现关系)
reference(引用)
refine(精化)
reflection(映射技术)
regions(区域)
relationship(关系)
reliability(可靠性)
required interface(需接口)
requirement(需求)
responsibility(职责)
return parameter(返回参数)
return(返回)
reusability(可重用性)

role(角色)
role name(角色名称)

S

scenarios(场景)
self delegation(自我委派)
self-association(自关联)
send(发送)
sequence diagram(顺序图)
sequential composite state(顺序组成状态)
signal event(信号事件)
signal(信号)
simple state(简单状态)
single inheritance(单继承)
snapshot(快照)
source package(源包)
source state(源状态)
specialization(特化)
specific class(特殊类)
specific(详细)
specification(规格说明；规约)
state diagram(状态图)
state(状态)
static structure model(静态结构模型)
stereotype(构造型)
string value(字符串值)
string(字符串)
subclass(子类)
substate(子状态)
superclass(超类或父类)
swimming lines(泳道)
synch state(同步状态)
synchronous message(同步消息)
system boundaries(系统边界)

system(系统)

T

tagged value(标记值)
target package(目标包)
target state(目标状态)
thread(线程)
time event(时间事件)
timing diagram(时间配置图)
trace(跟踪)
trace dependence(跟踪依赖)
transition description(迁移描述)
transitions(迁移)
trigger(触发器)
type(类型)

U

Unified Modeling Language(统一建模语言, UML)
usage(使用)
use case diagram(用例图)
use case generalization(用例泛化)
use case model(用例模型)
use case realization(用例实现)
use case(用例)
use(使用)

V

value(值)
variable(变量)
visibility rules(可见性规则)
visibility(可见性)

X

xor(异或)

参 考 文 献

[1] Ivar Jacobson, Magnus Christerson, Patrik Jonsson, et al. Object-Oriented Software Engineering: A Use Case Driven Approach. Addison Wesley,1992.
[2] James Martin,James J Odell. Object Oriented Methods: A Foundation, UML Edition(2nd Edition). Prentice Hall PTR, 1997.
[3] Scott W Ambler. Building Object Applications That Work: Your Step-by-Step Handbook for Developing Robust Systems with Object Technology. Cambridge University Press, 1998.
[4] Ivar Jacobson, Grady Booch, James Rumbaugh. The Unified Software Development Process. Addison-Wesley, 1999.
[5] Larry L Constantine, Lucy A D Lockwood. Software for Use: A Practical Guide to the Models and Methods of Usage-Centered Design. Addison-Wesley, 1999.
[6] Ivar Jacobson, Stefan Bylund. The Road to the Unified Software Development Process. Cambridge University Press, 2000.
[7] Martin Fowler. UML Distilled: A Brief Guide to the Standard Object Modeling Language(3rd Edition). Addison-Wesley,2003.
[8] Kurt Bittner, Lan Spence. Use Case Modeling. Pearson Education,Inc., 2003.
[9] Frank Armour, Granville Miller. Advanced Use Case Modeling:Software Systems. Addison-Wesley, 2001.
[10] Scott W Ambler. The Object Primer: Agile Model-Driven Development with UML 2.0. Cambridge University Press, 2004.
[11] James Rumbaugh, Iver Jacobson, Grady Booch. The Unified Modeling Language Reference Manual(2nd Edition). Addison-Wesley, 2004.
[12] Grady Booch, James Rumbaugh, Iver Jacobson. The Unified Modeling Language User Guide. Second Edition. Addison-Wesley, 2005.
[13] Dan Pilone, Neil Pitman. UML 2.0 in a Nutshell. O'Reilly,Media,Inc. 2005.
[14] Kim Hamilton, Russell Miles. Learning UML 2.0. O'Reilly,Media,Inc. 2006.
[15] Craig Larman, Applying UML And Patterns: An Introduction to Object-Oriented Analysis aand Design. Prentice Hall PTR,1995.

图书资源支持

感谢您一直以来对清华版图书的支持和爱护。为了配合本书的使用,本书提供配套的资源,有需求的读者请扫描下方的"书圈"微信公众号二维码,在图书专区下载,也可以拨打电话或发送电子邮件咨询。

如果您在使用本书的过程中遇到了什么问题,或者有相关图书出版计划,也请您发邮件告诉我们,以便我们更好地为您服务。

我们的联系方式:

地　　址:北京海淀区双清路学研大厦 A 座 707

邮　　编:100084

电　　话:010-62770175-4604

资源下载:http://www.tup.com.cn

电子邮件:weijj@tup.tsinghua.edu.cn

QQ:883604(请写明您的单位和姓名)

用微信扫一扫右边的二维码,即可关注清华大学出版社公众号"书圈"。

资源下载、样书申请

书圈